EUL VERLAG

MARKETING

Herausgegeben von Prof. Dr. Heribert Gierl, Augsburg, Prof. Dr. Roland Helm, Regensburg, Prof. Dr. Frank Huber, Mainz, und Prof. Dr. Henrik Sattler, Hamburg

Band 65
Frank Huber, Michael Lenzen, Bianca Schönrock und Katrin Stein
Online-Shopping bei Konsumgütern – Ein empirischer Branchenvergleich zur Erklärung von Kaufabsicht und Aufpreisbereitschaft
Lohmar – Köln 2013 • 148 S. • € 43,- (D) • ISBN 978-3-8441-0222-2

Band 66
Guido Grunwald
Garantien als Marketinginstrument – Wirkungs- und Entscheidungsanalyse
Lohmar – Köln 2013 • 108 S. • € 38,- (D) • ISBN 978-3-8441-0226-0

Band 67
Frank Huber, Michael Lenzen, Sophie Vizethum und Isabelle Weißhaar
Erlebnis-Shopping Concept Stores – Eine empirische Analyse des Einkaufserlebnisses durch Lifestyle und Atmosphäre
Lohmar – Köln 2013 • 144 S. • € 43,- (D) • ISBN 978-3-8441-0231-4

Band 68
Frank Huber, Frederik Meyer und Isabelle Weißhaar
Die Rolle von Markenvertrauen für die Erreichung von Konsumzielen – Eine kausalanalytische Studie am Beispiel von gesunder Ernährung mit Functional Food
Lohmar – Köln 2013 • 164 S. • € 47,- (D) • ISBN 978-3-8441-0256-7

Band 69
Frank Huber, Frederik Meyer und Cecile Czarnowski
Wirkung affektiver und funktionaler Reputation auf das emotionale Markenerleben – Eine empirische Analyse am Beispiel der Marke Abercrombie & Fitch
Lohmar – Köln 2014 • 128 S. • € 42,- (D) • ISBN 978-3-8441-0332-8

Reihe: Marketing · Band 69

Herausgegeben von Prof. Dr. Heribert Gierl, Augsburg, Prof. Dr. Roland Helm, Regensburg, Prof. Dr. Frank Huber, Mainz, und Prof. Dr. Henrik Sattler, Hamburg

Prof. Dr. Frank Huber
Dr. Frederik Meyer
Cecile Czarnowski

Wirkung affektiver und funktionaler Reputation auf das emotionale Markenerleben

Eine empirische Analyse am Beispiel der Marke Abercrombie & Fitch

EUL VERLAG

Bibliografische Information der Deutschen Nationalbibliothek

Die Deutsche Nationalbibliothek verzeichnet diese Publikation in der Deutschen Nationalbibliografie; detaillierte bibliografische Daten sind im Internet über <http://dnb.d-nb.de> abrufbar.

ISBN 978-3-8441-0332-8
1. Auflage Juni 2014

JOSEF EUL VERLAG GmbH
Brandsberg 6
53797 Lohmar
Tel.: 0 22 05 / 90 10 6-6
Fax: 0 22 05 / 90 10 6-88
E-Mail: info@eul-verlag.de
http://www.eul-verlag.de

Bei der Herstellung unserer Bücher möchten wir die Umwelt schonen. Dieses Buch ist daher auf säurefreiem, 100% chlorfrei gebleichtem, alterungsbeständigem Papier nach DIN 6738 gedruckt.

Vorwort

In modernen Konsumgesellschaften stehen Konsumenten vor einer enormen Produktauswahl. Nach dem Prinzip „Emotions make a difference“ kann das emotionale Erleben einer Marke das entscheidende Differenzierungsmerkmal darstellen und ein Produkt von der Masse abheben. Weiterhin schafft ein positives Markenerleben auf affektiver Ebene die Möglichkeit zu einer dauerhaften, persönlichen Bindung zwischen Kunden und Marke und ist somit von höchster Bedeutung für das Erreichen zentraler Unternehmensziele. Die Reputation der Marke, die sich wiederum in affektive (emotionale) und funktionale Ebenen unterteilt, kann Einfluss auf diese emotionale Reaktion nehmen. Aus der getrennten Betrachtung der Wirkung des auf Produkt- und Preiseigenschaften beruhenden funktionalen Rufs und der Werte transportierenden emotionalen Reputation können entscheidende Erkenntnisse für das Reputationsmanagement gewonnen werden. Die Möglichkeit der Einflussnahme auf die emotionale Reaktion als Schlüsselfaktor der Präferenzbildung durch die verschiedenen Reputationsdimensionen zeigt die große Relevanz der Thematik deutlich auf.

Vor diesem Hintergrund besteht das Untersuchungsziel der vorliegenden Arbeit darin, die Wirkung affektiver und funktionaler Reputation auf das emotionale Markenerleben zu ergründen. Ein Kausalmodell, das mit Hilfe von PLS (Partial Least Squares) entwickelt wird, setzt die zentrale Forschungsfrage am Beispiel des US-amerikanischen Kleidungskonzerns „Abercrombie & Fitch“ um. Die Wirkung der beiden genannten Reputationsdimensionen und des Konstrukts „Einkaufsumfeld“ auf die emotionale Reaktion stellt dabei den Kern des Modells dar. Weiterhin wird ein positiver Einfluss der emotionalen Wahrnehmung und einer als vorteilhaft empfundenen Markenreputation auf die antizipierte Zufriedenheit der Konsumenten unterstellt. Diese resultiert schließlich in den gefühlsgeleiteten Handlungsintentionen Kaufabsicht, Loyalität und Word of Mouth (Mund-zu-Mund Kommunikation) und liefert somit Hinweise auf Prozesse, die für Unternehmen ökonomische Relevanz aufzeigen. Die Ergebnisse der empirischen Studie weisen auf eine höhere Bedeutung der affektiven Reputation auf das emotionale Markenerleben hin und scheinen somit dem Ansatz „Feelings over Reasoning“ zu entsprechen.

Mainz, im Dezember 2013

Frank Huber
Frederik Meyer
Cecile Czarnowski

Inhaltsverzeichnis

Abbildungsverzeichnis

Tabellenverzeichnis

Abkürzungsverzeichnis

bspw.	beispielsweise
bzgl.	bezüglich
CRM	Customer-Relationship-Management
bzw.	beziehungsweise
d.h.	das heißt
DEV	Durchschnittlich erfasste Varianz
engl.	englisch
ER	Emotionale Reputation
et al.	et alii (und andere)
evtl.	eventuell
f.	folgende
ff.	fortfolgende
FR	Funktionale Reputation
H	Hypothese
Iss.	Issue
Loy	Loyalität
Nr.	Nummer
PAD	Pleasure Arousal Dominance
PLS	Partial Least Squares
RQ	Reputation Quotient
s.	siehe
S.	Seite
SAT	Satisfaction
S-R	Stimulus-Response
u.a.	unter anderem
vgl.	Vergleiche
VIF	Variance Inflation Factor
Vol.	Volume
WOM	Word of Mouth

1 Zur Relevanz der Wirkung von Markenreputation auf das emotionale Markenerleben

Seit Dekaden beschäftigen sich Psychologen und Marketingforscher mit Emotionen, die Kaufentscheidungen zugrunde liegen.[1] Die besondere Bedeutung für das Marketing basiert unter anderem auf der Möglichkeit, durch das gezielte Hervorrufen von Emotionen, Konsumentenverhalten zu Gunsten einer bestimmten Marke zu beeinflussen. In hochindustriellen Ländern existiert eine enorme Produktauswahl. Die fortschreitende qualitative Annäherung von Gütern resultiert in homogenen und damit austauschbaren Angeboten.[2] Konsumenten durch eine Vielzahl von Informationen von dem firmeneigenen Produkt zu überzeugen kann schnell zu einem für den Verbraucher unangenehmen „Information Overload" führen.[3] Daher benötigen Unternehmen andere Kommunikationsstrategien, um Alleinstellungsmerkmale zu generieren und sich somit von der Konkurrenz abzuheben.

Nach dem Prinzip „Emotions make a difference" kann das emotionale Erleben einer Marke dieses entscheidende Differenzierungsmerkmal darstellen. Weiterhin schafft ein positives Markenerleben auf affektiver Ebene die Möglichkeit zu einer dauerhaften, persönlichen Bindung zwischen Kunden und Marke und ist somit von höchster Bedeutung für das Erreichen zentraler Unternehmensziele. Emotionen intensivieren Bedürfnisse, Nachfrage und individuelle Motive.[4] Folglich streben viele Marketingexperten nicht mehr nach dem „Share of Wallet" und somit den Ausgaben der Konsumenten für die eigenen Angebote, sondern nach dem „Share of Heart" der Kunden.[5] In Theorie und Praxis existieren verschiedene Ansätze, um einen Einfluss auf das emotionale Markenerleben der Konsumenten zu Gunsten der eigenen Produkte zu nehmen.

Eine Form der Beeinflussung der besagten emotionalen Reaktion gegenüber der Marke besteht in dem Aufbau von positiver Reputation der Marke. Die Reputation beschreibt den Ruf eines Reputationsobjektes, der sich aus den Evaluationen von Individuen einer Gesellschaft ergibt. Weiterhin drückt Reputation die Erwartungshaltung an ein Reputationsobjekt hinsichtlich des

[1] Vgl. Kaden/Linda/Levinson (2009), S. 171.
[2] Vgl. Bauer/Heinrich/Martin (2007), S. 2189.
[3] Vgl. Lee/Lee (2004), S. 160.
[4] Vgl. O'Shaughnessy/Jackson O'Shaughnessy (2003), S. 3.
[5] Vgl. Kaden/Linda/Levinson (2009), S. 175.

Bedürfniserfüllungsgerades der betroffenen Anspruchsgruppen aus.[6] Reputation kann somit als kollektive Fremderfahrung verstanden werden, die gemeinschaftlich und nicht individuell konstituiert wird.[7] Für die Verfolgung des Ziels der Erzeugung einer wohlwollenden emotionalen Reaktion besitzt Reputation durch die Definition als Fremderfahrung eine besondere Bedeutung. Es stellt sich die Frage, wie Menschen ihr emotionales Urteil auf Grundlage von Kollektivevaluationen bilden und ob es aus Unternehmenssicht möglich ist, durch geschicktes Reputationsmanagement reale Emotionen zu erzeugen. Besondere Relevanz hat in diesem Zusammenhang die Unterscheidung zwischen verschiedenen Ebenen der Reputation.

Aus der getrennten Betrachtung der Wirkung des durch Qualitäts- und Preisattribute entstehenden funktionalen Rufs und der Werte transportierenden emotionalen Reputation können entscheidende Erkenntnisse für das Reputationsmanagement gezogen werden. Eine solche differenzierte Betrachtung wurde bisher nicht ausreichend auf wissenschaftlicher Ebene erforscht. Zwar existiert in der Marketingforschung gemeinhin Einigkeit über die Existenz verschiedener Reputationsarten; eine Untersuchung der unterschiedlichen Wirkung auf die emotionale Reaktion der Konsumenten fand bisher jedoch nicht statt. Auch bleiben es vorhandene Forschungsstudien schuldig, in Modellen zur Wirkung von Reputation Komponenten der Eigenevaluation einzuschließen. Es ist hierbei von Interesse, wie sich Menschen verhalten, bei denen die eigene Bewertung von der Meinung des Kollektivs abweicht. Die Möglichkeit der Einflussnahme auf die emotionale Reaktion als Schlüsselfaktor der Präferenzbildung durch die verschiedenen Reputationsdimensionen zeigt die große Relevanz der Thematik deutlich auf und legt einen dringenden Forschungsbedarf offen.

Das Untersuchungsziel der vorliegenden Arbeit besteht in diesem Kontext darin, die Wirkung der affektiven und funktionalen Reputation auf das emotionale Markenerleben differenziert zu betrachten und daraufhin Schlüsse für die Marketingpraxis und Forschung ziehen zu können. Es gilt zu ermitteln, ob der emotionale Ruf einer Marke das affektive Erleben der Konsumenten stärker beeinflusst als objektive Komponenten des funktionalen Rufs. Auch wird die vermutete Relevanz des emotionalen Erlebens für die verhaltensbezogenen Intentionen überprüft. Weiterhin ist es von Interesse, die Bedeutung persönlicher Beurteilung eines Reputationsobjektes zu

[6] Vgl. Hannington (2012), S. 9.
[7] Vgl. Thießen (2011), S. 28.

ermitteln. „Der Ruf eilt voraus“ heißt es im Volksmund; doch stellt sich die Frage, wie Konsumenten reagieren, wenn das eigene Urteil nicht mit dem öffentlichen Bild des Objektes konform ist und das durch die Reputation entstandene Versprechen somit nicht erfüllt wird.[8]

In Kapitel 2 werden zu diesem Zweck zunächst theoretische Grundlagen und Begriffsdefinitionen zu Emotionen vermittelt sowie emotionstheoretische Ansätze und deren Bedeutung für das Marketing erläutert. In einem ersten Schritt gilt es den Begriff „Emotion“ zu definieren und von den Phänomenen Affekt und Stimmung abzugrenzen. Die Konzentration auf die Definition von Emotion innerhalb der vorliegenden Studie erfolgt dabei aufgrund der gemeinhin zugestandenen Eigenschaften der Langfristigkeit und Objektbezogenheit.[9] Weiterhin werden emotionstheoretischer Ansätze vorgestellt. Dabei kommt dem kognitivistischen Ansatz eine besondere Bedeutung zu, da er eine Interaktion kognitiver und emotionaler Komponenten unterstellt. [10] Durch die Untersuchung der Wirkung funktionaler und emotionaler Reputation auf Emotionen ist die Annahme einer gewissen kognitiven Verarbeitung von großer Bedeutung.

Daraufhin wird das PAD-Paradigma erläutert, das innerhalb der Studie zur Messung der emotionalen Reaktion zur Anwendung kommt. Die Relevanz für den Forschungszweck ergibt sich aus der Möglichkeit, ein grundsätzliches emotionales Markenerleben aufzuzeigen. Außerdem wird den inbegriffenen Determinanten ein Einfluss auf Verhaltensabsichten unterstellt, was sich durch den Einbezug von Handlungsintentionen innerhalb des in Kapitel 3 hergeleiteten Hypothesengefüges als konsistent erweist. Die Konzeptionelle Erfassung des Reputationsbegriffs verdeutlicht das Verständnis der Reputation als Fremderfahrung, die sich auf eine kollektiv entwickelte Meinung der Öffentlichkeit stützt. Dieses Konzept verliert somit personenbezogen durch zahlreiche eigene Erfahrungen mit dem Reputationsobjekt an Bedeutung. Schließlich wird in Kapitel 2.3 die Konsistenztheorie erläutert. Die These der Vermeidung von Inkonsistenzen lässt sich auf den Vergleich zwischen Fremdevaluation durch die Berücksichtigung von Reputationskonzepten und persönlicher Bewertung anwenden.

[8] Vgl. Argenti/Druckenmiller (2004), S. 368.
[9] Vgl. Lohrmann (2008), S. 15; Kleinginna/Kleinginna (1981), S. 346.
[10] Vgl. Thyri (2003), S. 37.

Basierend auf den vorgestellten Theorien wird im dritten Kapitel die Entwicklung eines Untersuchungsmodells am Beispiel des US-amerikanischen Kleidungsunternehmens „Abercrombie & Fitch“ dargestellt, das zunächst zwischen der affektiven und emotionalen Reputation unterscheidet. Diese wirken innerhalb des Modells zusammen mit dem Einkaufsumfeld auf das emotionale Markenerleben. Der Wahrnehmung des Einkaufsumfeldes kommt im Rahmen der Studie eine besondere Bedeutung zu, da sie im Gegensatz zur Fremderfahrung des Reputationsverständnisses eine persönliche Evaluation darstellt. Die emotionale Reaktion wird in Form von empfundenem Vergnügen und Erregung erfasst. Über die antizipierte Zufriedenheit hat das emotionale Markenerleben innerhalb des Modells einen Einfluss auf die gefühlsgeleiteten Handlungsintentionen Kaufabsicht, Word of Mouth und Loyalität gegenüber der Marke.

Der „Fit“ zwischen Markenreputation und Einkaufsumfeld geht als Moderationsvariable in das Modell ein. Es ist zu vermuten, dass sich ausgehend von der Konsistenztheorie, Modellzusammenhänge in Abhängigkeit des Umstandes, ob das Einkaufsumfeld zu dem Ruf einer Marke passt, unterscheiden. Des Weiteren wird untersucht, inwieweit sich die hergeleiteten Zusammenhänge nach dem Modebewusstsein der Konsumenten differenzieren lassen. Es ist zu vermuten, dass sich aus erhöhten Ansprüchen gegenüber dem Einkaufsumfeld und einer größeren Bedeutung einer emotionalen Ansprache der stärker an Mode interessierten Konsumenten signifikante Unterschiede für die Wirkungsverknüpfungen ergeben. Erkenntnisse aus diesen Bereichen können besonders für eine zielgerichtete Segmentierung der Konsumenten nützlich sein.

Eine Überprüfung und Auswertung der unterstellten Relationen innerhalb des Modells findet in Kapitel 4 statt. Dazu werden zu Beginn des Kapitels methodische Überlegungen zur Wahl einer geeigneten Forschungsmethode sowie die Operationalisierung der latenten Modellkonstrukte vorgenommen. Anschließend erfolgt eine Analyse und Interpretation der Ergebnisse, anhand derer schließlich Implikationen für die Praxis und die Wissenschaft abgeleitet werden können. Kapitel 5 schließt mit einer Zusammenfassung der wesentlichen Ergebnisse ab und gewährt einen Ausblick in die Zukunft der Thematik.

2 Begriffsdefinitionen und theoretische Grundlagen zu Emotionen im Marketing

2.1 Emotionstheoretische Ansätze und ihre Bedeutung für das Marketing

2.1.1 Abgrenzung des Emotionsbegriffs

Unter „Emotion“ ist ein vielschichtiger Begriff zu verstehen, den es zu entschlüsseln gilt. Zahlreiche Disziplinen wie die Psychologie, die Biologie, die Ökonomie und die Soziologie beschäftigen sich mit der Erforschung von Emotionen. Je nach Untersuchungsziel oder Forschungsschwerpunkt werden bei der Begriffsabgrenzung unterschiedliche Schwerpunkte gesetzt.[11] Somit ist es aufgrund des bereichsübergreifenden Interesses nicht verwunderlich, dass bezüglich einer einheitlichen Definition von Emotionen bisher kein Konsens gefunden wurde. Entsprechend der Diversität an involvierten Disziplinen existieren viele voneinander abweichende Auslegungen.[12] Durch das Zusammentragen verschiedener Definitions- und Abgrenzungsansätze soll im Folgenden ein Überblick erschaffen werden, der eine Konkretisierung des Begriffs im Marketingkontext ermöglicht.

Laut *Hülshoff* sind Emotionen körperlich-seelische Reaktionen durch die ein Umweltereignis aufgenommen, verarbeitet, klassifiziert und interpretiert wird, wodurch ein Bewertungsprozess stattfindet. Die Verarbeitung des Reizes wirkt sich zunächst auf das vegetative Nervensystem und unterschiedliche Organsysteme aus. Gleichzeitig beeinflussen Emotionen willkürliche und unwillkürliche motorische Prozesse. Körperhaltung und Ausdruck lassen meist Schlüsse auf die emotionale Verfassung eines Individuums zu.[13] Die Reaktionen können positiver und negativer Natur sein. Nach *Rothgangel* ist es in diesem Zusammenhang wichtig zu erwähnen, dass Emotionen einer Handlung, einem Objekt oder einer Situation Bedeutsamkeit verleihen.[14]

Zur Charakterisierung von Emotionen kann der emotionale Zustand in zumindest drei Komponenten gegliedert werden. Diese sind Gefühle und somit emotionales Erleben, innere körperliche Veränderungen und von außen wahrnehmbare Veränderungen (Ausdruck).[15] Die Sozialpsychologie integriert des Weiteren eine kognitive Komponente, die Gedanken zu der Situation, Interpretationen und Erwartungen umfasst.

[11] Vgl. Holtfort (2010), S. 5.
[12] Vgl. Bosch/Schiel/Winder (2006), S. 25.
[13] Vgl. Hülshoff (2006), S. 14.
[14] Vgl. Rothgangel (2004), S. 79.
[15] Vgl. Thyri (2003), S. 21.

Dabei treten die verschiedenen Komponenten nicht unbedingt linear auf. So muss eine stark ausgeprägte Gefühlsempfindung nicht mit einem hoch ausgeprägten kognitiven Vorgang korreliert sein.[16] Der Begriff Emotion kann von den Konstrukten Gefühl, Stimmung und Affekt abgegrenzt werden, auch wenn die genannten Begriffe nicht unabhängig voneinander bestehen.[17] Obwohl das Gefühl die subjektive, affektive Komponente des Emotionsbegriffs darstellt, ist die Definition weiter gefasst. So können auch körperliche Bedürfniszustände wie Hunger oder Durst als Gefühle beschrieben werden; nicht aber als Emotionen. Stimmungen (engl. „moods") sind im Gegensatz zu Emotionen weniger intensiv und von längerer Dauer. Sie sind nicht auf ein spezifisches Objekt bezogen, weshalb sich die Ursache einer Stimmung nicht im Fokus der Aufmerksamkeit des Individuums befindet. Stimmungen sind somit als Indikator für die allgemeine Qualität des aktuellen Zustands zu verstehen.[18] Die betroffene Person nimmt die eigene Stimmung wahr, nicht aber notwendigerweise den Grund des Befindens. Im Gegensatz zu Stimmungen treten Affekte kurzfristig auf.[19] Sie beschreiben Gefühle, die kognitiv weniger kontrolliert und inhaltlich kaum differenziert sind.[20] Unter den englischsprachigen Forschern gibt es allerdings eine Tradition „affect" als Oberbegriff für Stimmungen und Emotionen oder synonym für den Emotionsbegriff zu verwenden.[21] In der vorliegenden Arbeit wird zwischen den Begriffen „Emotion" und „Affekt" differenziert. Das Konzept der Emotion eignet sich aufgrund der Objektbezogenheit (Reputationsobjekt) und der inhaltlichen Differenzierung für den Forschungszweck der vorliegenden Studie.

Zur Klassifizierung von Emotionen existieren in der wissenschaftlichen Literatur differentielle und dimensionale Ansätze.[22] Differentielle Ansätze setzen einen Fokus auf die Unterscheidbarkeit subjektiv erlebbarer Emotionsqualitäten. Laut Vertretern dieses Ansatzes können Emotionen nach komplexen Ähnlichkeiten strukturiert werden. Grundlegend existieren zwei Strategien im Rahmen dieses Ansatzes. Zum einen können Emotionen anhand statistischer Verfahren auf der Grundlage subjektiver Überlegungen abgebildet werden; zum anderen wird ausgehend von theoretischen Überlegungen das Spektrum der Emotionen in Grundemotionen zerlegt.[23] Zwei der wichtigsten Vertreter des zuletzt genannten Ansatzes sind *Plutchik* (1980) und *Izard*

[16] Vgl. Rothgangel (2004), S. 79 f.
[17] Vgl. Thyri (2003), S. 25.
[18] Vgl. Lohrmann (2008), S. 15.
[19] Vgl. Baumeister/Bushmann (2011), S. 616.
[20] Vgl. Kroeber-Riel/Weinberg (2003), S. 100.
[21] Vgl. Kleinginna/Kleinginna (1981), S. 346.
[22] Vgl. Batra/Ray (1986), S. 236.
[23] Vgl. Mau (2009), S. 16.

(1999). Sie unterteilen Emotionen in Kategorien, um emotionale Zustände klassifizieren zu können. Damit lässt sich die Vielzahl von Emotionen auf eine reduzierte Anzahl von Basis- oder auch Primäremotionen zurückführen, die nicht in weitere Emotionen zerlegbar sind.[24] Die Basisemotionen nach *Plutchik* (Erwartung, Freude, Überraschung, Trauer, Wut, Ekel, Akzeptanz und Angst) entsprechen weitestgehend acht der zehn Primäremotionen nach *Izard*. Lediglich die Emotion „Akzeptanz“ lässt sich nicht in *Izards* Liste der Basisemotionen finden. Diese scheint jedoch durch die gegenpolige Emotion „Geringschätzung“ integriert. Weiterhin berücksichtigt *Izard* „Scham“ und „Schuldgefühl“ als primäre Emotionen.[25] Durch die Kombination dieser Primäremotionen ist es möglich weitere, in der Regel gelernte Sekundäremotionen zu bilden. Dieser Überlegung nach entsteht beispielsweise die Emotion „Ehrfurcht“ aus dem parallelen Auftreten von „Akzeptanz“ und „Überraschung“.[26]

Dimensionale Ansätze ordnen dagegen Emotionen aufgrund unabhängiger Dimensionen ein, die auf alle emotionalen Zustände zutreffen.[27] Dadurch entsteht die Möglichkeit, jeden emotionalen Zustand durch die Ausprägungen der Dimensionen zu beschreiben. Innerhalb dieser Ansätze verlaufen Abstufungen zwischen Emotionen fließend. Der dimensionale Ansatz wird vorwiegend als Verfahren der Emotionsanalyse im Rahmen der Konsumentenforschung eingesetzt. Allerdings besteht Uneinigkeit bezüglich der Anzahl an Dimensionen, deren Benennung und bestehenden Interdependenzen.[28] Vorwiegend kommen zwei- bis dreidimensionale Modelle zur Anwendung, die hauptsächlich eine Dimension beinhalten, die zur Beschreibung der Wirkungsrichtung von Emotionen herangezogen werden kann und somit die Valenz des Erlebens ausdrückt. Weiterhin werden ein oder zwei Erregungsdimensionen integriert.[29] Emotionen können nach dieser Theorie als Verhaltensdispositionen verstanden werden. Unangenehme Emotionen führen zu Vermeidungsverhalten, wohingegen angenehme Emotionen Annäherungsverhalten hervorrufen. Die Stärke der Verhaltensdisposition wird durch die Erregungsdimensionen bestimmt, wohingegen die Valenzdimension die Richtung des emotionsgeleiteten Verhaltens angibt.[30] Zu den dimensionalen Ansätzen zählt das „PAD-

[24] Vgl. Stenger (2022), S. 158.
[25] Vgl. Möll (2007), S. 58.
[26] Vgl. Stenger (2012), S. 159.
[27] Vgl. Drengner (2006), S. 117.
[28] Vgl. Möll (2007), S. 59 f.
[29] Vgl. Mau (2009), S. 14 f.
[30] Vgl. Förstl/Hautzinger/Roth (2006), S. 524.

Paradigma“ nach *Mehrabian* und *Russell* mit den Dimensionen „Pleasure“, „Arousal“ und „Dominance“, welches zu den wichtigsten Ansätzen der Emotionsanalysen gehört.[31] Da dieser Ansatz innerhalb der Konstruktoperationalisierung des Messmodells der vorliegenden Studie zur Anwendung kommt, wird er ausführlich in Kapitel 2.1.5 erläutert.

2.1.2 Universalistischer Ansatz

Über die Entstehung von Emotionen existieren in der wissenschaftlichen Literatur unterschiedliche grundlegende Ansätze. Klassischerweise können die differierenden Ansichten in universalistische, behavioristische und kognitivistische Emotionstheorien unterteilt werden.

Eines der ältesten Emotionskonzepte ist die universalistische Emotionstheorie, die auf einer psychobiologischen Konzeption beruht. Sie erklärt Emotionen als Ergebnis von Adaptionsprozessen während der Evolution. Diese werden somit als universelle Phänomene betrachtet.[32] Der universalistische Ansatz stellt folglich die biologische Funktionalität von Emotionen in den Fokus. Vor allem solche emotionalen Prozesse, die durch expressives Verhalten erkennbar sind, überliefern laut dieser Theorie überlebenswichtiges Wissen. Beispielsweise lässt sich laut des universalistischen Ansatzes durch die Interpretation von Emotionen erkennen, ob ein Artgenosse eine Bedrohung darstellt oder ob er Angst vor einem gemeinsamen Feind zeigt.[33]

Einer der wichtigsten Vertreter dieser Theorierichtung ist *Plutchik,* der aufbauend auf *Darwin*s Arbeit „The Expression of the Emotions in Man and Animals“ die „Psychoevolutionary Theory“ entwickelt hat. Emotionen treten danach bewusst oder unbewusst auf, um das Zusammenleben von Menschen und Tieren entsprechend einer bestimmten Umgebung zu organisieren. *Plutchik* nahm an, dass der Grund für das Auftreten von Emotionen Adaptionen an eine bestimmte Situation sind, wenn Faktoren des Überlebens tatsächlich oder vermutlich tangiert werden.[34] Auf den grundlegenden Basisemotionen, die in den Erbanlagen verankert sind (engl. pure emotions) lassen sich komplexere Emotionsgefüge durch Kombinationen der Primäremotionen erschaffen.[35]

[31] Vgl. Havlena/Holbrook (1986), S. 395.
[32] Vgl. Thyri (2003), S. 35.
[33] Vgl. Kutscher (2009), S. 47.
[34] Vgl. Härtel/Zerbe/Ashkanasy (2005), S. 70.
[35] Vgl. Plutchik (1991), S. 41.

McDougall (1908) definiert Primäremotionen als Emotionen, die durch Instinktprozesse entstehen und nicht mehr in weitere Stufen zerlegt werden können. Im Gegensatz zu *Plutchik* unterscheidet er zwischen komplexen und abgeleiteten Emotionen. Die erste Kategorie setzt sich dabei analog zu *Plutchiks* Theorie aus Primäremotionen zusammen. Die zweite Klasse der „abgeleiteten Emotionen" ist dagegen als Restkategorie zu betrachten. Sie besteht aus Emotionen, die weder den Basisemotionen angehören noch aus Kombinationen der Primäremotionen zusammengesetzt werden können.[36]

Ekman (1973) differenziert zwischen angeborenen Emotionen, die als primär gelten und solchen, die sich in Folge kultureller Bedingungen durch Mischformen dieser grundlegenden Emotionsqualitäten ergeben. *Kreutzer* und *Merkle* charakterisieren Primäremotionen als Emotionen, die in allen Kulturen vorhanden sind, bereits in der Kindheit existieren und mit charakteristischer Mimik einhergehen.[37] Emotionen, die in fast allen psychobiologischen Ansätzen als primär gelten, sind Angst, Ärger, Freude und Traurigkeit.[38] Dies ist damit zu begründen, dass es bereits für das Überleben von Säuglingen elementar ist, unangenehmen Empfindungen (Angst, Ärger, Trauer) Ausdruck zu verleihen und durch Lächeln (Freude) ihr Wohlbefinden auszudrücken. In einem weiteren Schritt kann eine gefestigte Bindung zur Bezugsperson aus den emotionalen Prozessen resultieren.[39]

Dieser Ansatz psychobiologischer Überlegungen findet in der Marketingtheorie hauptsächlich für die Erklärung einheitlicher Reaktionen auf Schlüsselreize Anwendung. Tatsächlich konzentriert sich die emotionale Werbung auf einige wenige Basisemotionen. Dahinter steht die Vermutung, dass Konsumenten in gleicher Weise bzw. automatisiert auf bestimmte Faktoren reagieren.[40] Laut *Bosch*, *Schiel* und *Winder* werden jedoch nicht alle Basisemotionen in gleicher Häufigkeit in der Werbung eingesetzt. Besonders oft finden die Emotionen Freude, Akzeptanz und Erwartung Anwendung im Marketingkontext. Dies soll aber nicht zu dem Schluss führen, dass nur positive Grundemotionen erfolgreich in der Werbung eingesetzt werden können. Die Forscher verweisen auf eine Studie von *Zeitlin* und *Westwood* nach welcher die negativ

[36] Vgl. Bosch/Schiel/Winder (2006), S. 62.
[37] Vgl. Kreutzer/Merkle (2008), S. 23.
[38] Vgl. Matuschke (2011), S. 11.
[39] Vgl. Röttger-Rössler (2004), S. 9.
[40] Vgl. Thyri (2003), S. 36.

kategorisierten Emotionen Ekel und Ärger unter anderem durch die aufmerksamkeitssteigernde Irritation der Werberezipienten zu dem gewünschten Werbeerfolg führten.[41]

Beispiele für die Integration von Schlüsselreizen in Markenbotschaften sind das Integrieren des Kindchenschemas oder erotischer Abbildungen, die biologisch vorprogrammierte Reaktionen aktivieren und gezielt Emotionen auslösen.[42] Ein Charakteristikum des Kindchenschemas, das sich auch im Produktdesign wiederfindet, sind große Augen und eine gewölbte Stirn. Auf dieses Reizschema reagieren Rezipienten instinktiv positiv.[43] Die Vermutung, dass sexuelle Werbeelemente ein Produkt besser verkaufen lassen ist unter dem bekannten Slogan „Sex Sells" zusammengefasst.[44] Angeborene Auslösereize wie diese sind für den Konsumenten unwiderstehlich, da sie im Dienste der Überlebenssicherung stehen. Das Kindchenschema dient der Aufzucht des Nachwuchses; erotische Signale der Partnersuche.[45]

2.1.3 Behavioristischer Ansatz

Der behavioristische Ansatz stellt eine weitere Theorie zur Entstehung von Emotionen dar. Er erklärt die Entwicklung von Emotionen mithilfe des Verhaltens bzw. der Reaktion von Individuen. Demnach verkörpern Emotionen durch Reize ausgelöste Reaktionsmuster.[46] Sie werden somit als passives Phänomen interpretiert. Körperliche Veränderungen fungieren in diesem Zusammenhang als Ursache emotionalen Erlebens. Folglich ergibt sich eine kausale Vorlagerung der physiologischen vor der emotionalen Reaktion.[47] Der Kernpunkt dieses Ansatzes liegt dabei im Beobachten von Verhalten (Reaktionen) und den Gegebenheiten (Reizen), die dieses Verhalten verursachen.

Die Wahrnehmung des subjektiven Gefühls spielt bei der Emotionsentstehung nur eine untergeordnete Rolle. Vier bedeutende Vertreter der klassisch-behavioristischen Theorie sind *Watson* (1924, 1986), *Tolman* (1923), *Skinner* (1953) und *Millenson* (1967).[48]

[41] Vgl. Bosch/Schiel/Winder (2006), S. 176.
[42] Vgl. Stenger (2012), S. 157.
[43] Vgl. Wirth (2004), S. 202.
[44] Vgl. Nikolay (2012), S. 25.
[45] Vgl. Wirth (2004), S. 192.
[46] Vgl. Thyri (2003), S. 36.
[47] Vgl. Neumann-Ponesch/Höller (2011), S. 12.
[48] Vgl. Bosch/Schiel/Winder (2006), S. 30.

Watson und *Skinner* repräsentieren eine Form des Behaviorismus, dessen Methoden sich ausschließlich auf beobachtbare Variablen (Reize und Verhalten) reduzieren lassen. Ihre Theorien werden auch als Stimulus-Response Theorien (S-R Theorien) bezeichnet, da sie sich auf die Feststellung von Gesetzmäßigkeiten zwischen beobachtbaren Reiz- und Verhaltensvariablen beschränken.[49] Nach *Watson* gibt es die drei grundlegenden angeborenen Reaktionsmuster Furcht, Wut (Zorn) und Liebe. In ihrer ursprünglichen Verankerung lösen nur eine begrenzte Anzahl von Reizen diese Reaktionsmuster aus. Im Laufe des Lebens eines Menschen werden jedoch aus neutralen Reizen konditionierte Reize, woraus sich ein reichhaltiges Gefühlsleben entwickelt.[50]

Im Marketing werden die Erkenntnisse des behavioristischen Ansatzes vor allem für die Konditionierung genutzt. Das (automatische) Lernen nach der klassischen Konditionierung zeichnet sich dadurch aus, dass eine Verknüpfung von Reizen, die natürliche Reflexe auslösen, mit ursprünglich neutralen Reizen stattfindet, sodass beide zu Auslösern für die gleiche Reaktion werden. Wird also ein Stimulus, dem ursprünglich keine bestimmte Reaktion zugeordnet ist (neutraler Reiz), wiederholt mit einem Stimulus verknüpft, der fest mit einer bestimmten Reaktion verknüpft ist (natürlicher Reiz), ruft der neutrale Stimulus schließlich auch die Reaktion des konditionierten Stimulus hervor.[51]

Dieses Konzept hat besonders für emotionale Marken eine hohe Bedeutung. Auch bei Produkten, die der Kategorie „Low-Involvement“ angehören, wird die Methode für die Produktdifferenzierung verwendet.[52] Ebenso können behavioristische Modelle herangezogen werden, um menschliches Verhalten zu erklären, das unter hohem Zeitdruck abläuft, sodass wenig Zeit für Entscheidungs- und Abwägungsprozesse verbleibt. Ein solches Verhalten basiert weitestgehend auf konditionierten Gewohnheiten.[53] Neben der Wirkung auf die konsumentenseitigen Entscheidungsprozesse kann Konditionierung darüber hinaus den positiven Einfluss der Produktdifferenzierung auf die Kundenbindung unterstützen. Dies ist durch die Risikoaversion von Konsumenten zu begründen. Mittels einer Konditionierung der Marke wird diese mit bestimmten Qualitäten verknüpft, die für den Kunden wertvoll erscheinen sollten. Getreu dem

[49] Vgl. Frey/Greif (1997), S. 40.
[50] Vgl. Thyri (2003), S. 30.
[51] Vgl. Helm (2009), S. 78.
[52] Vgl. Thyri (2003), S. 37.
[53] Vgl. Bernarrd (2006), S. 108.

Grundsatz „Da weiß man was man hat“ lässt sich das mit dem Kauf verbundene Risiko einer Fehlentscheidung reduzieren.[54] Auch ohne sachliche Informationsvermittlung vermag sich die Einstellung eines Konsumenten gegenüber Produkten oder Marken durch emotionale Konditionierung verändern. Als wesentliches Differenzierungsmerkmal ist der Erlebniswert einer Marke zu nennen, der speziell für Produkte, die eine große Imageabhängigkeit vorweisen, von Bedeutung ist. Emotionale Reize können dazu dienen, Erlebniswerte zu transportieren. Bei wiederholter Kombination des betroffenen Angebotes mit dem emotionalen Reiz, ist das Produkt nach einiger Zeit selbst dazu fähig, die affektive Reaktion hervorzurufen.[55] Ein Beispiel auf dem deutschen Markt für eine erfolgreiche Konditionierung stellt die Biermarke „Krombacher“ dar. Diese wird stets mit entspannender Musik und Eindrücken aus der Natur gezeigt. Konsumenten, die über eine bestimmte Zeit die dargestellte Kombination wahrnehmen, verbinden letztlich ein Gefühl der Entspannung mit der Biermarke. Diese Reaktion wird sonst durch die ansprechende Landschaft und die beruhigende Musik selbst erzeugt.[56] Zur Erklärung der Entstehung von Emotionen verlor der behavioristische Ansatz zunehmend an Bedeutung, da er auf der Grundlage von beobachtbarem Verhalten fungiert und innerpsychische Prozesse vernachlässigt.[57] Im Rahmen des Marketings verfügt die Theorie jedoch gerade durch den Einbezug der Konditionierungsprozesse weiterhin über große Relevanz.[58]

2.1.4 Kognitivistischer Ansatz

Vertreter des kognitivistischen oder kognitiven emotionstheoretischen Ansatzes postulieren, dass Emotionen auf gleiche Art wie Kognitionen im Gedächtnis Präsenz zeigen und somit nicht als universelle Phänomene anzusehen sind. Nach der Wahrnehmung einer Situation wird diese auf emotionaler Ebene interpretiert, wobei die Art der Reizinterpretation letztlich ausschlaggebend für das Ergebnis ist. Die Differenzierungsmöglichkeit von Emotionen ergibt sich aus der kognitiven Repräsentation der emotionsauslösenden Bedingungen.[59] *William James* legte im Jahre 1884 mit seinem wissenschaftlichen Artikel „What is an Emotion?“ den Grundstock zur Entstehung der kognitiven Emotionstheorie. Er vertrat darin die zu diesem Zeitpunkt provokante These, dass körperliche Reaktionen erst durch Emotionen entstehen und auf die Wahr-

[54] Vgl. Jaritz (2008), S. 63.
[55] Vgl. Weber (2010), S. 70 f.
[56] Vgl. Baumgarth (2008), S. 61.
[57] Vgl. Ugolnikova (2012), S. 30.
[58] Vgl. Peter/Nord (1982), S. 106.
[59] Vgl. Thyri (2003), S. 36 f.

nehmung bestimmter Reize folgen. Der Autor kehrte damit die zur damaligen Zeit vorherrschende behavioristische Auffassung zur Entstehung von Emotionen um.[60] Viele Autoren folgten seinem Beispiel. Große Beachtung fanden die Wissenschaftler *Schachter* und *Singer*. Ihr Artikel aus dem Jahre 1962 wird oft als „kognitive Wende“ der psychologischen Emotionstheorien bezeichnet. Danach ist ein emotionaler Zustand eine Funktion der psychologischen Erregung und eines Denkprozesses. Folglich besteht zwischen kognitiven und situationellen Faktoren eine Wechselwirkung. Nach den Autoren sind Bewertungsvorgänge und Interpretationen zur Entstehung von Emotionen notwendige Voraussetzung.[61] Weiterhin sei die psychologische Erregung zwar verantwortlich für die Intensität der erlebten Emotion, sie habe jedoch keinen emotionsunspezifischen Charakter. Die Richtung der Emotion hänge vielmehr von der kognitiven Bewertung ab, wodurch dieser eine vorrangige Bedeutung bei der Emotionsentstehung zukommt.[62]

Laut *Vendrell Ferran* stellen kognitivistische Theorien das Denken und insbesondere die Urteilsbildung in den Fokus für das Verständnis von Emotionen. Dieser Denkaspekt nimmt eine dominierende Rolle innerhalb der Emotionsforschung ein. Tatsächlich stützt sich das Gros aktueller Ansätze auf kognitivistische Grundlagen, obwohl dieser Aspekt in unterschiedlich gewichteter Art integriert wird.[63] *Anthony Kenny* führt als einer der frühen Vertreter des kognitivistischen Ansatzes das Beispiel an, es sei absurd Angst zu empfinden, ohne darüber nachzudenken, dass Gefahr bestünde. Der kognitive Aspekt ist in diesem Kontext ein notwendiger, aber nicht unbedingt hinreichender Faktor für die Emotionsentwicklung. Neben den kognitiven Vorgängen können weitere Elemente, wie die Aktivierung zur Entstehung einer Emotion beitragen.[64]

Westbrook und *Bagozzi* beschreiben, dass die kognitive Einschätzung determiniert, ob ein Objekt eine bestimmte Emotion hervorruft und wie sich die Intensität dieser Empfindung gestaltet. Die Einschätzungen laufen auf subjektiver Ebene ab und können sowohl bewusster

[60] Vgl. Bosch /Schiel/Winder (2006), S. 32.
[61] Vgl. Znoj (2008), S. 21.
[62] Vgl. Mau (2009), S. 26.
[63] Vgl. Vendrell Ferran (2008), S. 24.
[64] Vgl. Griffiths (1997), 22 f.

als auch unbewusster Natur sein.[65] Einige Autoren differenzieren zwischen einer untergeordneten (lower-order) emotionalen Reaktion, welche automatisch abläuft und einer übergeordneten (higher-order) kognitiven Informationsverarbeitung. Dieser übergeordnete Prozess ist durch die untergeordnete emotionale Reaktion gekennzeichnet und intensiviert oder vermindert deren Stärke. Daraus entstehen dann basierend auf den wahrgenommenen Stimuli übergeordnete Emotionen.[66] Eine strikt kognitive Sichtweise wird jedoch von Forschern wie *Robert Zajonc* in Frage gestellt. Er zeigte anhand empirischer Studien, dass Emotionen nicht notwendigerweise mit kognitiven Prozessen in Verbindung stehen. Zumindest simple emotionale Reaktionen, wie Präferenzen, können ohne bewusste Registrierung von Reizen ausgelöst werden.[67]

Für die Marketingpraxis sind kognitive Theorien von herausragender Bedeutung. In der Literatur über emotionale Werbung wird allgemein eine Interaktion zwischen Kognition und Emotion angenommen.[68] Als Grundlage des Drei-Komponenten Modells interessiert insbesondere die Wirkung auf das Verhalten der Konsumenten. Nach der Theorie führen konativ und affektiv initiierte Emotionen gegenüber dem Bewertungsobjekt zu bestimmten Einstellungen. Diese resultieren dann in einem gewissen Verhalten.[69] Es ist in diesem Kontext davon auszugehen, dass Konsumenten Wissen über Produkte in Form von Gegenstandsbeurteilungen einer affektiven Bewertung gegenüberstellen. Dabei sind eigene Werte, Überzeugungen und Bedürfnisse von Belang.[70]

Das parallele Bestehen kognitiver und emotionaler Prozesse wird auch bei der Werbegestaltung berücksichtigt. Je nach vorherrschendem Motivator (Ratio oder Emotion) können verschiedene Produktkategorien gebildet und weiterhin nach dem Grad des Involvements unterschieden werden. Somit ist es möglich, die grundlegenden Kategorien „Informative Werbung (High Involvement/Ratio)“, „Emotionale Werbung (High Involvement/Emotion)“, „Erinnernde Werbung (Low Involvement/Ratio)“ und „Bestärkende Werbung (Low Involvement/Emotion)“ zu bilden.[71]

---

[65] Vgl. Weihe (2008), S. 95.
[66] Vgl. Schweizer (2005), S. 90 f.
[67] Vgl. Bosch/Schiel/Winder (2006), S. 32.
[68] Vgl. Thyri (2003), S. 37.
[69] Vgl. Cudic (2011), S. 59.
[70] Vgl. Zenger (2010), S. 48.
[71] Vgl. Sieglerschmidt (2008), S. 72.

2.1.5 Das PAD-Paradigma zur Erfassung emotionaler Reaktionen

Im Rahmen des bereits vorgestellten dimensionalen Ansatzes existiert die viel beachtete Konzeption von *Mehrabian* und *Russell* (1974), um Emotionen messbar zu machen. Diese eignet sich vorrangig zur Beschreibung der emotionalen Reaktion von Individuen auf äußere Einflüsse.[72] Der Ansatz beinhaltet die Dimensionen „Pleasure“ (Vergnügen), „Arousal“ (Erregung) und „Dominance“ (Dominanz), die der Erfassung grundlegender emotionaler Zustände dienen. Spezifische Emotionen wie beispielsweise Angst oder Ekel sind durch diesen Messansatz nicht identifizierbar.[73] Da in der vorliegenden Studie das grundsätzliche emotionale Markenerleben von Interesse ist und spezifische Emotionserfassungen dem Forschungszweck nicht zuträglich sind, erscheint das PAD-Paradigma als Messansatz der emotionalen Reaktion geeignet. Weiterhin wird den inbegriffenen Determinanten ein Einfluss auf die Verhaltensabsichten eines Individuums unterstellt, was insbesondere für die Untersuchung der Handlungsintentionen von Interesse ist.[74] Im Folgenden werden die einzelnen als unabhängig voneinander betrachteten Dimensionen näher vorgestellt.[75]

Die Valenzdimension „Pleasure“ stellt die Richtung eines aktuellen Gefühlstatus dar. Sie reicht von negativem bis zu positivem Erleben. Die Dimension zeichnet sich durch konsistente Überprüfungsresultate in zahlreichen Studien aus.[76] Mit „Pleasure“ kann Lust oder Unlust ausgedrückt werden. Es wird ersichtlich, inwieweit Individuen eine Emotion als angenehm oder unangenehm empfinden. Weiterhin ergibt sich im Zusammenhang mit Annäherungs- oder Vermeidungsverhalten eine besondere Bedeutung.[77] Die Dimension „Arousal“ misst dagegen den Grad der psychischen oder mentalen Aktivierung.[78] Durch diese Erregung wird die Stärke der empfundenen Emotion ausgedrückt. Bei geringer Erregung empfinden Individuen Ruhe und Entspannung. Dagegen fühlen sich Probanden mit hohen „Arousal Werten“ aktiv, angeregt bis überdreht.

[72] Vgl. Regier (2007), S. 116.
[73] Vgl. Diehl (2009), S. 189.
[74] Vgl. Steffen (2006), S. 83.
[75] Vgl. Albrecht (2009), S. 111.
[76] Vgl. Ratneshwar/Mick/Huffman (2000), S. 39.
[77] Vgl. Steffen (2006), S. 84.
[78] Vgl. Schweizer (2005), S. 69.

Die Dominanzskala reicht von Gefühlen der totalen Hilfslosigkeit bis hin zu dem Empfinden überlegen, mächtig und einflussreich zu sein.[79] Sie gibt an, inwieweit Individuen Kontrolle über oder Einfluss auf ihre Umwelt empfinden.[80]

Für die Anwendung der PAD-Skala werden Probanden zunächst darüber aufgeklärt, dass sie unter verschiedenen Skalenpunkten wählen können, die unterschiedliche Emotionsdimensionen beschreiben. Anschließend werden sie dazu angehalten, ihr Gefühl bzgl. eines Stimulus auf einer bipolaren Skala anzugeben. Typischerweise handelt es sich bei Stimuli im Marketing um Werbemittel oder Kaufsituationen.[81] Durch eine ausreichende Aufklärung kann der Kritik entgegengewirkt werden, dass Probanden die Bedeutung der Adjektivpaare oft nicht verstehen würden.[82] Die folgende *Tabelle* zeigt die 18 adjektivischen Gegensatzpaare auf, die zur Messung des aktuellen Gefühlszustandes nach *Mehrabian* und *Russell* dienen.[83]

Pleasure	**Arousal**	**Dominance**
Unhappy-Happy	Relaxed-Stimulated	Controlled-Controlling
Annoyed-Pleased	Calm-Exited	Submissive-Dominant
Unsatisfied-Satisfied	Sluggish-Frenzied	Influenced-Influential
Melancholic-Contented	Dull-Jittery	Awed-Important
Despairing-Hopeful	Sleepy-Wide awake	Guided-Autonomous
Bored-Relaxed	Unaroused-Aroused	Cared for-In control

Tabelle 1: PAD Skala zur Messung der Emotionsdimensionen[84]

In der wissenschaftlichen Literatur wurden die ersten beiden Dimensionen (Pleasure und Arousal) immer wieder bestätigt, wohingegen für „Dominanz“ zahlreiche Alternativvorschläge bestehen, wie beispielsweise „Erfahrung“ oder „Tiefe“.[85] Studien von *Holbrook* (1986) sowie *Mano* und *Oliver* (1993) bescheinigen im Rahmen von Produkterfassungen „Pleasure“ und „Arousal“ die höchste Relevanz; „Dominanz“ spiele dagegen eher eine untergeordnete Rolle.[86] Auch *Olney et al.* kamen nach der Revision zahlreicher Studien zu dem Schluss, dass auf die Dominanzdimension verzichtet werden könne, da ihr keine wesentliche Wirkung nachgewiesen

[79] Vgl. Müller-Hagedorn/Seifert (2005), S. 300.
[80] Vgl. Mehrabian (1996), S. 263.
[81] Vgl. Thyri (2003), S. 76 f.
[82] Vgl. Schweizer (2005), S. 71.
[83] Vgl. Schleer (2011), S. 21.
[84] Eigene Tabelle in Anlehnung an Schleer (2011), S. 21.
[85] Vgl. Havlena/Holbrook (1986), S. 395.
[86] Vgl. Diel (2009), S. 189.

wurde.[87] *Mehrabian* und *Russell,* als Begründer der Skala, verwiesen ebenso auf „Dominance" als schwächste der Dimensionen, da sie relativ wenig Varianz erkläre und oftmals Verweigerungsverhalten beim Probanden innerhalb der Befragungssituation hervorriefe. *Fischer, Brauns* und *Belschack* schreiben der Dominanzdimension eher eine Bedeutung im sozial determinierten Kontext zu als bei der Produktevaluation.[88] Aufgrund dieser Ergebnisse finden nur die Dimensionen „Pleasure" und „Arousal" zur Erfassung des emotionalen Erlebens in der vorliegenden Studie Anwendung.

2.2 Konzeptionelle Erfassung des Reputationsbegriffs

Der Reputationsbegriff hat in Praxis und Kommunikationswissenschaft eine bedeutende Rolle angenommen. Grundsätzlich lässt sich Reputation für die Gesellschaft im Allgemeinen und für Organisationen im Speziellen als fundamentale Größe definieren. Somit ist in der Reputation eine Steuerungsgröße des zentralen Handelns zu sehen.[89] Weiterhin wird positiver Reputation grundsätzlich eine vertrauensgebende Eigenschaft zugeschrieben, was ihre große Bedeutung im Unternehmenskontext weiter unterstreicht.[90] Trotz der zunehmenden Autorenanzahl, die sich mit dem Reputationsbegriff im Unternehmensumfeld befassen, besteht in der Literatur keine Einigkeit zu einer allgemeinen Reputationsdefinition. Die Problematik ist wahrscheinlich gerade in der Vielzahl von Studien zu suchen, die Reputation aus unterschiedlichen Perspektiven und Disziplinen betrachten.[91] Zur Eingrenzung des Begriffsverständnisses im Rahmen der vorliegenden Arbeit werden im Folgenden verschiedene Perspektiven des Reputationsverständnisses vorgestellt.

Ursprünglich stammt der Begriff der Reputation von der lateinischen Bezeichnung „reputatio" ab, was mit „Erwägung" oder „Berechnung" zu übersetzen ist. Durch den französischsprachigen Einfluss entstand schließlich die positive Färbung „guter Ruf" bzw. „Ansehen". Objekte, die als „reputierlich" beschrieben werden, gelten als „achtbar" oder „ordentlich". Laut *Wiedmann* existiert im deutschen Sprachraum grundsätzlich ein gutes Verständnis des Reputationsbegriffs. Am besten kann er durch die Bezeichnung „Ruf" eingegrenzt werden.[92]

[87] Vgl. Huber/Meyer/Weihrauch (2012), S. 157.
[88] Vgl. Regier (2007), S. 117.
[89] Vgl. Eisenegger/Imhof (2009), S. 243.
[90] Vgl. Einwiller (2003), S. 16.
[91] Vgl. Seemann (2008), S. 36.
[92] Vgl. Seemann (2008), S. 37.

Einige Autoren unterscheiden jedoch zwischen den Begriffen „Ruf“ und „Reputation“. Der Ruf stellt dabei nur eine Komponente der Reputation dar, die neben der eigenen Erfahrung auf die Reputation wirkt.[93] In der vorliegenden Studie wird eine solche Unterscheidung nicht vollzogen und „Ruf“ als intuitiv schlüssiges Synonym des Reputationsbegriffs behandelt.

Einwiller betont die Bedeutung der Kommunikation für die Entstehung von Reputation. Laut der Autorin entsteht Reputation durch das Verbreiten von Information über ein Reputationsobjekt. Die Weiterleitung entwickelt sich durch Kommunikation. Nach dieser Definition kann Reputation ohne Kommunikation nicht entstehen.[94] Der Autor *Schranz* unterstreicht vor allem die Bedeutung der Öffentlichkeit für den Reputationsbegriff. Er charakterisiert Reputation als Konzept, das öffentliches Vertrauen darstellt und dadurch vor allem den Ruf der Vertrauenswürdigkeit wiedergibt, der sich durch die Beurteilungsfähigkeit Dritter ergibt. Öffentlichkeit sei durch ihre Unabgeschlossenheit gekennzeichnet, was sie zum Referenzrahmen moderner Gesellschaften qualifiziere.[95]

Auch *Helm* betont, dass der Ruf nicht das ist, was einzelne Individuen denken oder zu wissen glauben, sondern das, was dem Einzelnen durch die öffentliche Meinung bekannt ist. Somit stellt sich „Reputation“ als Fremderfahrung dar. Aussagen werden von Dritten übernommen ohne eigene Erfahrung mit dem Reputationsobjekt gemacht zu haben.[96] *Thießen* unterstellt dagegen, dass sich Reputation aus Eigen- und Fremderfahrung zusammensetzt und gesteht gemeinhin Reputation die Fähigkeit zu, individuelle Erfahrungsdefizite auszugleichen. Besteht eine Informationsasymmetrie, da eigene Erfahrungen mit einem Reputationsobjekt nicht zur Verfügung stehen, fungiert Reputation als „Ruf der Vertrauenswürdigkeit“.[97] Im Fall der vorliegenden Studie wird dem Aspekt der Fremderfahrung eine besondere Bedeutung innerhalb der Reputationskonstitution zugeschrieben. Somit bleibt auch die Vermutung einer Reputationsfunktion des Ausgleichs von Informationsdefiziten innerhalb von Kaufentscheidungsprozessen bestehen.

[93] Vgl. Helm (2007), S. 20.
[94] Vgl. Einwiller (2003), S. 109.
[95] Vgl. Schranz, (2007), S. 81.
[96] Vgl. Helm (2007), S. 20 f.
[97] Vgl. Thießen (2011), S. 28.

Unterschiedliche Ansätze bestehen in der Unterscheidung, ob Reputation als Gesamtreputation aufzufassen ist. In diesem Fall existiert ein singuläres Konstrukt, das weitere Reputationen ausschließt. Die Anhänger einer fragmentierten Reputation gehen dagegen von hinsichtlich des Inhalts und der Stärke variierenden Reputationsauffassungen der Stakeholder aus.[98] Im Fall der vorliegenden Studie wird nicht zwischen den beiden Auffassungen differenziert, sondern ein Reputationsverständnis definiert, das sowohl das Konzept einer öffentlichen Gesamtreputation integriert, als auch Variationen in den Auffassungen der Stakeholder zulässt.

Besondere Beachtung hat der Reputations-Ansatz von *Charles Fombrun* erlangt. Die Mehrzahl der Reputationsschulen baut auf dem von *Fombrun* entwickelten Reputationskonzept auf oder ist zumindest stark von dem Modell des Autors beeinflusst worden.[99] In seiner Arbeitsdefinition zum Konzept der „Corporate Reputation" erläutert *Fombrun*, dass sich diese aus der wahrgenommenen Repräsentation vergangener Aktionen und zukünftigen Erwartungen ergibt.[100] Im Jahr 2000 stellte der Forscher zusammen mit dem Marktforschungsunternehmen Harris Interactive den „Harris-Fombrun Reputation Quotient" (RQ) vor. Ziel der Zusammenarbeit war es, ein ganzheitliches Messkonzept für Unternehmensreputation zu entwickeln.[101] Der Ansatz unterteilt das Reputationskonzept in sechs Dimensionen (Products and Services, Financial Performance, Vision and Leadership, Workspace Environment, Social Responsibility, Emotional Appeal).[102] Für die vorliegende Studie besitzt die Konzeption nach *Fombrun* besondere Relevanz, da sie neben funktionalen Reputationsdimensionen auch affektive integriert und somit einen ganzheitlichen Messansatz zulässt. Im Folgenden sollen einige Unterschiede zwischen affektiven und funktionalen (kognitiven) Reputationskomponenten aufgezeigt werden.

Die affektive Reputation entsteht durch die Einstellung gegenüber dem Reputationsträger.[103] Sie umfasst die dem Reputationsobjekt entgegengebrachte Sympathie. Laut *Schwaiger* kann

[98] Vgl. Thießen (2011), S. 35.
[99] Vgl. Herrmann (2008), S. 351.
[100] Vgl. Fombrun (1996), S. 72.
[101] Vgl. Seemann (2008), S. 61.
[102] Vgl. Eisenegger/Imhof (2009), S. 244.
[103] Vgl. Thießen (2011), S. 53.

dieses Reputationsverständnis neben Faktoren der Attraktivität auch soziale Komponenten beinhalten.[104] Er ordnet der „warmen“ emotionalen Komponente die Begriffe „Sympathie“, „Identifizierung“ und „Bindung“ zu.[105] Sozialer Verantwortung wird zuweilen eine eigene Reputationsdimension zugeschrieben. Es erscheint allerdings plausibel, dass eine Trennung zum Sympathieempfinden über die affektive Komponente nur schwer ermöglicht werden kann. Soziales Verhalten führt zu Sympathie; sozial unverantwortliches Auftreten zu Antipathie.[106] Funktionale Reputation drückt den Ruf eines Reputationsobjektes hinsichtlich seiner Funktionserfüllung aus.[107] Sie stellt eine kognitive Komponente des Reputationsverständnisses dar, für die Qualitätsaspekte angebotener Produkte und die ökomische Performance ausschlaggebend sind.[108] Eine Beurteilung des funktionalen Rufs des Reputationsobjektes wird primär durch kognitiv basierte Bewertungsprozesse ausgelöst, die sich auf Wissensstrukturen stützen.[109]

Zusammenfassend ist es in der vorliegenden Arbeit von Bedeutung, dass Reputation den Ruf eines Reputationsobjektes darstellt, der sich auf die kollektiv entwickelte Meinung der Öffentlichkeit stützt. Reputation kann jedoch bei Individuen unterschiedlich ausgestaltet sein. Weiterhin gilt es zu betonen, dass der Nutzenaspekt der Fremderfahrung des Reputationskonzeptes durch eine Vielzahl eigener Berührungspunkte mit dem Objekt an Bedeutung verliert. Für die Messung der Reputationswirkung der vorliegenden Studie erscheint der Ansatz von *Fombrun* geeignet, der affektive und funktionale Dimensionen in seinem „Reputations Quotienten“ vereinigt.

2.3 Zur Konsistenz Theorie und ihrer Bedeutung für die Markenwahrnehmung

Konsistenztheorien beziehen sich auf die Vermeidung von Inkonsistenzen oder Widersprüchen in kognitiven Strukturen. Konsistenztheoretiker vermuten, dass inkonsistente kognitive Zustände Spannungsverhältnisse auslösen und dazu motivieren, die beteiligten Kognitionen in einen widerspruchsfreien Zustand zu überführen.[110] Laut *Gröppel-Klein* und *Baun* strebt jedes

[104] Vgl. Eisenegger/Imhof (2009), S. 245.
[105] Vgl. Enke/Geigenmüller (2011), S. 305.
[106] Vgl. Eisenegger/Schranz (2011), S. 73.
[107] Vgl. Thießen (2011), S. 54.
[108] Vgl. Meyer (2011), S. 32.
[109] Vgl. Schwarz (2010), S. 129.
[110] Vgl. Suckow (2011), S. 76.

Individuum nach harmonischer Verknüpfung von innerer Erfahrung, Kognitionen und Einstellungen. Danach möchten Personen auftretende Widersprüche in ihren Einstellungssystemen vermeiden bzw. beseitigen.[111] Drei Konsistenztheorien, die sich auf diese Grundsätze stützen, sind die „Balancetheorie" von *Heider*, die „Kognitive Dissonanz Theorie" von *Festinger* und die „Kongruitätstheorie" nach *Osdgood/Tannenbaum.* Diese werden im Folgenden vorgestellt. Die Balancetheorie von *Heider* stammt aus der Sozialpsychologie. Das 1944 durch den Forscher eingeführte Konzept hat in seinen Grundzügen nicht an Bedeutung verloren. Nach dem Autor streben Personen danach, eigene Kognitionen und somit beispielsweise Überzeugungen oder Einstellungen in Einklang mit ihrem Verhalten konsistent zu organisieren.[112] Mit Konsistenz bezeichnet er in diesem Zusammenhang kognitive Kongruenz.[113]

Die Theorie der „Kognitiven Dissonanz" von *Leon Festinger* (1957) besagt, dass widersprüchliche Kognitionen zu einem Gefühl des Unbehagens führen und Menschen bestrebt sind, diese Missstimmung zu reduzieren.[114] Letztendlich, so der Autor, versuchen Personen Dissonanz durch Reinterpretation zu beseitigen. Ein Raucher, der einen gesunden Lebensweg anstrebt, könnte argumentieren, dass er durch die Aufgabe des Lasters an Gewicht zunehmen würde, was wiederum nicht gesundheitsförderlich wäre.[115] Gelingt diese Harmonisierung nicht, kommt es zu einem Zustand psychologischer Inkonsistenz. Nach *Festinger* bestehen zwischen Kognitionen relevante und irrelevante Beziehungen. Unter den relevanten Beziehungen lässt sich wiederum zwischen konsonanten und dissonanten Relationen unterscheiden. Danach ergeben sich nach Ansicht des Forschers drei mögliche Beziehungsstrukturen. Diese sind „Konsonanz" (Übereinstimmung), „Dissonanz" (Abweichung) und „Irrelevanz" (Beziehung bedeutungslos).[116]

Die Kongruitätstheorie (von engl. „congruity" = Übereinstimmung, innere Geschlossenheit) von *Tannenbaum* und *Osgood stellt* einen Spezialfall der Balancetheorie nach *Heider* dar.[117] Der Ansatz berücksichtigt Intensität und Polarisation der jeweiligen Relation. Er bezieht die

[111] Vgl. Gröppel-Klein/Baun (2001), S. 359.
[112] Vgl. Frey/Greif (1997), S. 214.
[113] Vgl. Heider (1958), S. 51.
[114] Vgl. Bültel (2011), S. 340.
[115] Vgl. Festinger (1957), S. 2.
[116] Vgl. Suckow (2011), S. 77.
[117] Vgl. Frey/Greif (1997), S. 217.

Einstellung des Empfängers gegenüber dem Sender und zum Inhalt sowie die Qualität der Mitteilung mit in theoretische Überlegungen ein. In diesem System kann Konsistenz nur bei Kongruenz erreicht werden. Nicht jede ausgewogene Struktur stellt eine konsistente Relation dar, sondern nur solche, bei denen die Polarisationsgrade der Einstellungen identisch sind. Bei positiven Mitteilungen müssen die Einstellungen zusätzlich das gleiche Vorzeichen aufweisen.[118]

Im Marketingkontext ist es aus Anbietersicht notwendig, Maßnahmen zu ergreifen, die Dissonanz vermeidend oder reduzierend wirken. Diese Aktivitäten umfassen alle Aktionen, die mit einem einheitlichen, starken Markenauftritt in Verbindung stehen.[119] Insbesondere im Neuromarketing wird die Bedeutung konsistenter Kommunikationsmuster betont. Markenbotschaften, die über verschiedene Sinneskanäle hinweg mit demselben Inhalt transportiert werden, nimmt das menschliche Gehirn besonders gut auf.[120] Speziell in „High-Involvement Situationen" kommt dem Konsistenzgedanken eine hohe Bedeutung zu. Das Individuum möchte im Rahmen einer solchen Situation sicher gehen, dass sich eine Übereinstimmung von Denken, Fühlen und Handeln ergibt. Kommt es somit zu einem parallelen Auftreten zweier widersprüchlicher Einstellungen wird die betroffene Person eine der beiden Gedankengänge verdrängen oder verändern, um wieder ein psychisches Gleichgewicht zu erlangen. Speziell in „High-Involvement Situationen" kommt dem Konsistenzgedanken eine hohe Bedeutung zu. Das Individuum möchte im Rahmen einer solchen Situation sicher gehen, dass sich eine Übereinstimmung von Denken, Fühlen und Handeln ergibt. Kommt es somit zu einem parallelen Auftreten zweier widersprüchlicher Einstellungen wird die betroffene Person eine der beiden Gedankengänge verdrängen oder verändern, um wieder ein psychisches Gleichgewicht zu erlangen.[121] Nicht erfüllte Erwartungen der Konsumenten können ebenfalls im Sinne der Konsistenztheorie zu Problemen führen. Dissonanzen dieser Art entstehen beispielweise durch hohe Erwartungen an eine Marke, durch Werbeversprechen oder eine gute Reputation, die dann in der Realität während der Kauf- oder Nachkaufphase nicht erfüllt werden.[122]

[118] Vgl. Dudzik (2006), S. 100.
[119] Vgl. Douven (2009), S. 42.
[120] Vgl. Häusel (2012), S. 5.
[121] Vgl. Gröppel-Klein/Baun (2001), S. 360.
[122] Vgl. Huber/Regier/Schikofsky (2009), S. 25.

3 Konzeption eines Untersuchungsmodells zur Wirkung der Markenreputation auf die Markenwahrnehmung

3.1 Konzeptionelle Skizzierung des Untersuchungsmodells

Die zentrale Forschungsfrage der vorliegenden Studie wird durch die Wirkung affektiver und funktionaler Markenreputation auf die emotionale Markenwahrnehmung bestimmt. Darauf aufbauend wurde ein Modell konzipiert, das sich durch weitere Wirkungszusammenhänge auszeichnet, die auf wissenschaftliche Theorien und aktuelle Studien basieren. Innerhalb des Modells wirken affektive und funktionale Reputation gemeinsam mit der Evaluation des Einkaufsumfeldes auf die emotionale Markenwahrnehmung. Die Messung der emotionalen Reaktion vollzieht sich nach dem Vorbild der ersten beiden Dimensionen des PAD-Paradigmas von *Mehrabian* und *Russell* mithilfe von „Pleasure" und „Arousal".

Eine Wirkung auf die antizipierte Zufriedenheit wird sowohl über die Komponenten der emotionalen Reaktion, als auch direkt ausgehend von den Reputationsdimensionen unterstellt. Schließlich interessiert die Wirkung der vermuteten Probandenzufriedenheit auf emotionsgeleitete Handlungsintentionen im Kontext des Kaufprozesses. Weiterhin werden moderierende Effekte vermutet, die durch den empfundenen Fit zwischen affektiver bzw. funktionaler Reputation und dem Einkaufsumfeld ausgehen. Auch dem Modebewusstsein der Probanden werden Auswirkungen auf alle Wirkungszusammenhänge des Modells unterstellt. Darüber hinaus wirkt „Arousal" im Modell als Interaktionsterm auf den Zusammenhang von „Pleasure" und „antizipierter Zufriedenheit".

Im Folgenden zeigt *Tabelle 2* alle postulierten Hypothesen übersichtlich auf. Um darüber hinaus einen grafische Veranschaulichung der Modellzusammenhänge zu erhalten, stellt *Abbildung 1* die Zusammenhänge noch einmal bildlich dar.

Hypothese	Vermuteter Zusammenhang
H1	Je höher die affektive Reputation, desto höher ist die antizipierte Zufriedenheit.
H2	Je höher die affektive Reputation, desto höher ist die Erregung.
H3	Je höher die affektive Reputation, desto größer ist das wahrgenommene Vergnügen.
H4	Je höher die funktionale Reputation, desto höher ist die Erregung.
H5	Je höher die funktionale Reputation, desto höher ist das wahrgenommene Vergnügen.
H6	Je höher die funktionale Reputation, desto höher ist die antizipierte Zufriedenheit.
H7	Je positiver das Einkaufsumfeld wahrgenommen wird, desto höher ist die Erregung.
H8	Je positiver das Einkaufsumfeld wahrgenommen wird, desto größer ist das wahrgenommene Vergnügen.
H9	Je höher die Erregung, desto höher ist die antizipierte Zufriedenheit.
H10	Je größer das wahrgenommene Vergnügen, desto höher ist die antizipierte Zufriedenheit.
H11	Je höher die antizipierte Zufriedenheit, desto höher ist die Kaufabsicht.
H12	Je höher die antizipierte Zufriedenheit, desto höher ist die Loyalität gegenüber der Marke.
H13	Je höher die antizipierte Zufriedenheit, desto höher ist die WOM Absicht.
H14	Die Stärke der Konstruktzusammenhänge des aufgestellten Modells unterscheidet sich in Abhängigkeit des Fits zwischen Einkaufsumfeld und emotionaler Reputation der Marke signifikant voneinander.
H15	Die Stärke der Konstruktzusammenhänge des aufgestellten Modells unterscheidet sich in Abhängigkeit des Fits zwischen Einkaufsumfeld und funktionaler Reputation der Marke signifikant voneinander.
H16	Die Stärke der Konstruktzusammenhänge des aufgestellten Modells unterscheidet sich in Abhängigkeit des Modebewusstseins der Konsumenten signifikant voneinander.
H17	Die Wirkung des wahrgenommenen Vergnügens auf die antizipierte Zufriedenheit variiert in Abhängigkeit des Grades der Aktivierung.

Tabelle 2: Hypothesen des Modells im Überblick

Den Konstrukten „Loyalität" und „Word of Mouth" kommt im Rahmen der wachsenden Relevanz des Customer-Relationship-Managements (Kundenbeziehungsmanagement) eine besondere Bedeutung zu.[123] Da beide Konstrukte als Zielgrößen in Form von emotionsbasierten Verhaltensweisen im Modell integriert sind, bedarf es im Vorfeld der Hypothesenherleitung in den Folgekapiteln einer Begriffserläuterung.

[123] Vgl. Wisner/Stanley (2008), S. 75.

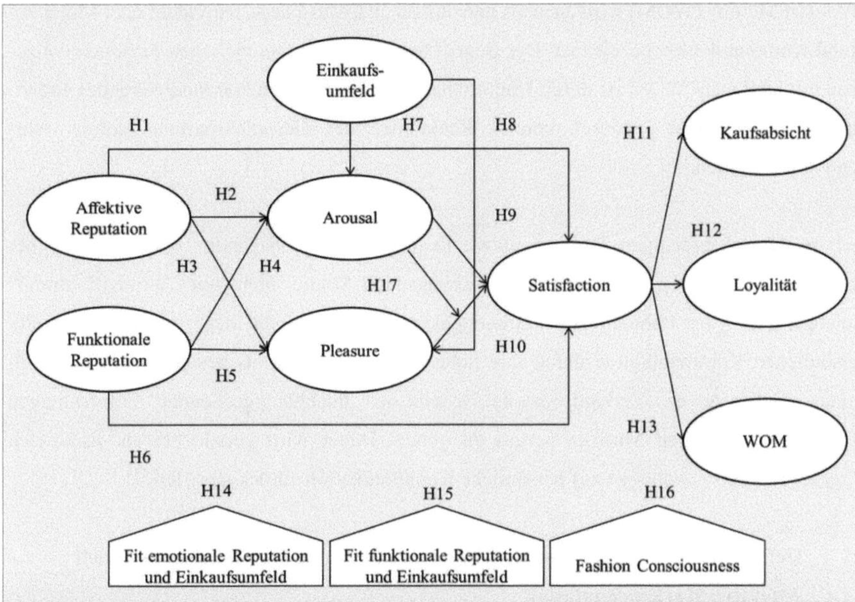

Abbildung 1: Hypothesenmodell zur Wirkung von Markenreputation auf die Markenwahrnehmung

Die Kundenloyalität ist eine Bezeichnung von allgemeiner Natur, die sich beispielsweise auf eine Marke, ein bestimmtes Produkt oder einen Händler beziehen kann. Frühe Arbeiten zur Kundenloyalität waren rein verhaltensorientiert und stützen sich auf Größen wie „Wiederkauf", „Kaufanteil" oder „Kaufwahrscheinlichkeit". Diese Messung ist dadurch problematisch, dass nicht unterschieden werden kann, ob Kunden rein situativ vorgehen oder aus Überzeugung handeln. Daher ist innerhalb der aktuellen Marketingliteratur die Integration von Verhaltens- als auch Einstellungskomponenten gemeinhin akzeptiert.[124] Kundenloyalität zeichnet sich durch zahlreiche Vorteile für Unternehmen aus. So stellt sie eine Marktbarriere gegenüber neu eintretenden Wettbewerbern dar und dient ebenfalls als Wechselbarriere für bestehende Kunden. Sie führt zu geringerer Preiselastizität auf Seiten der Kunden und eröffnet dem Anbieter größere Preisspielräume. Außerdem müssen Marketingaktivitäten für loyale Kunden nicht mit dem gleichen Aufwand betrieben werden, wie Maßnahmen der Neukundengewinnung.[125]

[124] Vgl. Wunderle (2006), S. 116.
[125] Vgl. Hellerforth (2012), S. 11.

„Word of Mouth" (WOM) wird auch als persönliche, Face-to-Face-, individual oder Mund-zu-Mund-Kommunikation bezeichnet. Der Begriff beschreibt direkte, zwischen Personen vollzogene Interaktionen. WOM ist durch Unmittelbarkeit zwischen den kommunizierenden Individuen gekennzeichnet. Dadurch können Reaktionen des Gesprächspartners sofort wahrgenommen werden.[126]

Der im deutschsprachigen Raum genutzte Begriff „Mundpropaganda" wird aufgrund der negativen Konnotation, im Kontext der vorliegenden Studie, nicht mit „Word of Mouth" gleichgesetzt.[127] Im Rahmen von Marketingaktivitäten stellt sich diese spezielle Form der persönlichen Kommunikation durch ihre hohe Glaubwürdigkeit als besonders wirkungsvoll heraus. Anders als das Verkaufspersonal, scheint der „unabhängige Sender" Empfehlungen nicht aus egoistischen Motiven heraus zu geben. Daher wird gerade bei als risikoreich eingestuften Entscheidungen auf persönliche Kommunikation zurückgegriffen.[128]

3.2 Determinanten der emotionalen Kundenreaktion im Untersuchungsmodell

3.2.1 Affektive Markenreputation

Die Aktivierung und somit der innere Erregungszustand des Menschen ist die Grundlage für die Anregung eines Konsumenten zur Kaufhandlung. Diese Erregung kann unter anderem durch emotionale Reize ausgelöst werden.[129] Emotionale, aktivierende Reize sind naturgemäß im Bewusstsein verankert.[130] Weiterhin wird emotionalen Reizen eine besonders starke Wirkung auf den inneren Aktivierungszustand zugesprochen, wenn sie für die betroffene Person als attraktiv gelten.[131] Laut *Winkler* werden Emotionen gezielt durch das Kommunikationsmanagement eingesetzt, da davon ausgegangen wird, dass durch emotionale Reize ausgelöste innere Aktivierung bzw. Erregung die Leistungsfähigkeit der Konsumenten positiv beeinflusst. Die Reizrezipienten reagieren besser, nehmen mehr Informationsvolumen auf und können diese Informationen vorteilhafter verarbeiten und speichern.[132]

---

126 Vgl. Dressler (2008), S. 5.
127 Vgl. Groeger (2010), S. 116.
128 Vgl. Dressler (2008), S. 6.
129 Vgl. Lippold (2012), S. 51.
130 Vgl. Weihs (2010), S. 20.
131 Vgl. Hampel (2011), S. 139.
132 Vgl. Winkler (2011), S. 29.

Auch *Kreutzer* postuliert, dass viele Marketinginstrumente eine Aktivierung mit dem Ziel der Bereitstellung von Energie auf der Konsumentenseite anstreben.[133] Daher enthalten Kommunikationselemente meist eine aktivierende Komponente, die optimale Wirkungsbedingungen für die zentrale Botschaft herstellt. So wird durch einen emotionalen Reiz emotionsgeleitete Neugier geweckt.[134] Dies kann über eine Beeinflussung des affektiven Reputationskonzeptes erzielt werden. Laut *Schwaiger* enthält das emotionale Reputationsverständnis neben Faktoren der Attraktivität auch soziale Komponenten und lässt sich letztlich als empfundene Sympathie für das betroffene Objekt ausdrücken.[135] Die affektive Komponente der Reputation kann somit einen emotionalen Reiz darstellen, der falls er als attraktiv wahrgenommen wird, eine erhöhte Aktivierungswirkung aufweist. Es ist bezogen auf die vorausgegangenen Erläuterungen davon auszugehen, dass der Aufbau emotionaler Reputation einer Erhöhung der Konsumentenaktivierung zuträglich ist.

Zusammenfassend kann somit ein positiver Zusammenhang zwischen der affektiven Reputation der Marke und der Erregung des Konsumenten vermutet werden. Demnach gilt:

H2: Je höher die affektive Reputation, desto höher ist die Erregung.

Affektive Reputation wird über die emotionale Einstellung gegenüber dem Reputationsobjekt gemessen.[136] Damit bildet sie letztendlich die dem Reputationsobjekt entgegengebrachte Sympathie ab.[137] Die affektive Reputation der Marke kann demnach mit Markensympathie gleichgesetzt werden.[138] Sympathische, starke Marken lösen bei Konsumenten positive Emotionen aus. Es ist zu vermuten, dass im Rahmen des Kaufprozesses bei emotional ansprechenden Marken das affektive Involvement im Entscheidungsprozess höher ausgeprägt ist.[139] Die Messung von Hirnaktivitäten hat nach *Herrmann* und *Stefanides* ergeben, dass die emotionale Substanz einer Marke, die auch durch die Reputation übertragen wird, Gefühle der Belohnung, Freude und positive Assoziationen aktivieren kann.[140]

[133] Vgl. Kreutzer (2010), S. 47.
[134] Vgl. Preissner (2008), S. 80.
[135] Vgl. Eisenegger/Imhof (2009), S. 245.
[136] Vgl. Thießen (2011), S. 53.
[137] Vgl. Eisenegger/Imhof (2009), S. 245.
[138] Vgl. Schwaiger (2008), S. 114.
[139] Vgl. Eckhardt (2011), S. 118.
[140] Vgl. Herrmann/Stefanides (2011), S. 141.

Es lässt sich somit festhalten, dass ein positiver Zusammenhang zwischen der emotionalen Reputationskomponente und dem Vergnügen besteht, das der Konsument mit der Marke verbindet. Danach lässt sich folgende *Hypothese* festhalten:

H3: Je höher die affektive Reputation, desto größer ist das wahrgenommene Vergnügen.

3.2.2 Funktionale Markenreputation

Wie in Kapitel 2.2 erläutert, ergibt sich die kognitive Komponente des Reputationsverständnisses aus der Evaluation von Qualitätsaspekten angebotener Produkte und der Bewertung ökonomischer Performance des Unternehmens.[141] Sie gibt somit den Ruf eines Reputationsobjektes hinsichtlich seiner Funktionserfüllung wieder.[142] Laut *Kroeber-Riel* können kognitive Reize aktivierend wirken, indem sie die Informationsverarbeitung des Rezipienten beanspruchen.[143] Üblicherweise werden Reize kognitiver Art als Auslöser gedanklicher Konflikte bei den Konsumenten bewusst in der Werbegestaltung eingesetzt. Ein Beispiel dazu sind Anzeigen, die Denk- und Verhaltensmuster widersprechen und somit durch Informationen einen erhöhten Erregungszustand auslösen.[144] Da sich das Konzept des funktionalen Rufs auf kognitiv-basierte Bewertungsprozesse stützt, die auf Wissensstrukturen aufbauen, kann von einer Art der kognitiven Aktivierung des Rezipienten durch die Reputationsdimension ausgegangen werden.[145] Während emotionale Reize unmittelbar eine affektive Erregung erzeugen, fungieren funktionale Reize somit über gedankliche Verarbeitungsprozesse. Der kognitiven Aktivierung kann beispielsweise ein Produktversprechen dienen.[146] Die Dimension „Product and Services" als Bestandteil des 1999 durch den Forscher *Fombrun* entwickelten „Reputations Quotienten" eignet sich durch ihre Berücksichtigung von Produkt, Preis und Qualitätsaspekten für die Messung funktionaler Reputationsaspekte.[147] Die durch die Erfahrung Dritter übertragenen Produkt-, Preis oder Qualitätsversprechen können folglich als kognitive Reize fungieren, indem sie gedankliche Prozesse bei den Rezipienten auslösen und aktivierend wirken.[148]

[141] Vgl. Meyer (2011), S. 32.
[142] Vgl. Thießen (2011), S. 54.
[143] Vgl. Kroeber-Riel (1990), S. 70.
[144] Vgl. Weihs (2010), S. 20.
[145] Vgl. Schwarz (2010), S. 129.
[146] Vgl. Nerdinger (2001), S. 23.
[147] Vgl. Seemann (2008), S. 61.
[148] Vgl. Helm (2007), S. 20 f.

Zwischen der funktionalen Reputation und der Aktivierung der Konsumenten ist somit eine positive Beziehung anzunehmen. Diese Vermutung drückt sich in *Hypothese 4* aus:

H4: Je höher die funktionale Reputation, desto größer ist die Aktivierung.

Durch eine ausgeprägte funktionale Reputation kann es zu einer sachlich-funktionalen Positionierung der Marke kommen. Damit steht die Marke in dem Ruf, besondere Qualitätsaspekte aufzuweisen oder optimale Leistungsfähigkeit bezüglich funktionaler Eigenschaften zu bieten. Eine solche Bekanntheit kann positive Assoziationen bei den Konsumenten auslösen.[149] Die breite Streuung inhaltlicher Informationen über die Marke ist laut der Studie von *Herrmann* und *Stefanides* anzustreben, da positive Informationen über tangible Produktattribute beim Konsumenten eine belohnende Wirkung entfalten.[150] Auch *Greyser* beschreibt in seiner Studie zur Verbesserung von „Corporate Reputation", dass ein guter Ruf unter den funktionale Dimensionen einen wichtigen Treiber ausmacht, der bei den Konsumenten „warme" Emotionen gegenüber der Unternehmung oder der Marke auslösen kann.[151] Die somit theoretisch fundierte Annahme einer vorteilhaften Wirkung der funktionalen Reputation auf das wahrgenommene Vergnügen der Konsumenten lässt sich in *Hypothese 5* festhalten:

H5: Je höher die funktionale Reputation, desto höher ist das wahrgenommene Vergnügen.

3.2.3 Einkaufsumfeld

Kunden lassen sich nicht nur von der Beschaffenheit der Produkte oder geschickten Kommunikationsmaßnahmen beeinflussen. Auch das Einkaufsumfeld stellt einen bedeutenden Aspekt innerhalb des Kaufprozesses dar. Viele Vorgänge laufen dabei unbewusst und auf emotionaler Ebene ab.[152] Durch eine attraktive Warenpräsentation können Konsumenten so aktiviert werden, dass sie Impulskäufe tätigen.[153] *Lotzkat* schreibt Komponenten der Gestaltung des Einkaufsumfeldes, wie der Produktpräsentation, eine aktivierende Wirkung zu, die sich in einer Reizzuwendung äußert und zu Impulskäufen führen kann.[154] Zur Messung der Wirkung des

[149] Vgl. Weise (2008), S. 39.
[150] Vgl. Herrmann/Stefanides (2011), S. 142.
[151] Vgl. Greyser (1999), S. 178 f.
[152] Vgl. Hunstiger (2011), S. 81.
[153] Vgl. Hellrung (2012), S. 19.
[154] Vgl. Lotzkat (2012), S. 247.

Einkaufsumfeldes auf die emotionalen Reaktionen der Konsumenten werden in der wissenschaftlichen Literatur oft die Dimensionen „Pleasure“ und „Arousal“ des PAD-Paradigmas von *Mehrabian* und *Russell* (1974) verwendet. Nach den Autoren wirkt das Einkaufsumfeld aktivierend, was sich in erhöhten „Arousal“ Werten ausdrückt.[155] *Crowley* (1993) konnte mit seiner Studie eine aktivierende Wirkung der farblichen Gestaltung von Einkaufsstätten beobachten.[156] *Sherman, Mathur und Smith* (1998) war es möglich, innerhalb ihrer Forschungsarbeit einen vorteilhaften Effekt des empfundenen Ambientes einer Ladenfläche auf die Aktivierung der Konsumenten nachzuweisen. Diese erhöhte Erregung hatte wiederum einen positiven Einfluss auf die Ausgabebereitschaft, die innerhalb des Ladens verbrachte Zeit und die Menge an erworbenen Artikeln.[157] *Spangenberg, Crowley* und *Smith* (1996) identifizierten Duft als eine Möglichkeit, das Einkaufsumfeld attraktiver zu gestalten und somit die Aktivierung der Konsumenten zu erreichen. Zwar gaben sie zu bedenken, dass auch eine ausgeprägt negative Evaluation des „Store Environments“ stark aktivierend wirkt, ein gewisser Mindeststandard hinsichtlich der Ausprägung sei jedoch zu erwarten. Dieser ließ innerhalb des Forschungsdesigns den Vergleich eines neutralen Umfeldes (kein Duft) und eines positiv wahrgenommen Umfeldes (angenehmer Duft) sinnvoll erscheinen.[158]

Zusammenfassend kann eine aktivierende Wirkung eines als positiv wahrgenommenen Einkaufsumfeldes festgehalten werden. *Hypothese 7* gestaltet sich deshalb folgendermaßen:

H7: Je positiver das Einkaufsumfeld wahrgenommen wird, desto höher ist die Erregung.

Eine vorteilhafte Ladengestaltung äußert sich nicht nur in einer erhöhten Konsumentenaktivierung. Auch das empfundene Vergnügen der Konsumenten steigt mit einer positiven Evaluation des Einkaufsumfeldes.[159] Bestimmte Konsumenten suchen als positiv wahrgenommene Einkaufsumfelder bewusst auf, da sie beim Einkauf in einem ansprechenden Umfeld Lust bzw. Vergnügen empfinden.[160] Laut *Hellrung* determinieren vor allem die sogenannten „Atmospherics“ das Innendesign. Sie bestehen aus Farbgestaltung, Musik, Duft und Beleuchtung. Bei richtiger Anwendung wirken sie sich vorteilhaft auf die Atmosphäre innerhalb der

[155] Vgl. Kaltcheva/Weitz (2006), S. 107.
[156] Vgl. Crowley (1993), S. 67.
[157] Vgl. Sherman/Mathur/Smith (1998), S. 373.
[158] Vgl. Spangenberg/Crowley/Henderson (1996), S. 74 ff.
[159] Vgl. Schenk (2008), S. 182.
[160] Vgl. Weinberg (1986), S. 151.

Ladenfläche aus. Eine ansprechende Ladenfläche weckt wiederum positive Emotionen bei den Konsumenten.[161] *Mehrabian* und *Russell* (1974) drücken diese Annahme durch einen positiven Zusammenhang zwischen einer vorteilhaften Evaluation des Einkaufsumfeldes und der Valenzdimension „Pleasure" aus.[162] Entsprechend konnten *Donovan et al.* (1994) in ihrer Studie nachweisen, dass angenehme Einkaufsflächen zu höherem wahrgenommenen Vergnügen führen. Darüber hinaus war es möglich, eine längere Verweildauer innerhalb der Ladenflächen und ein über der ursprünglichen Planung liegendes Ausgabevolumen zu beobachten.[163] Ähnliche Ergebnisse veröffentlichten auch *Sherman*, *Mathur* und *Smith* (1998). Es war ihnen möglich, für die Determinanten des Einkaufsumfeldes, „Soziale Faktoren" (Mitarbeiter) und „Storedesign" eine positive Wirkung auf das wahrgenommene Vergnügen der Konsumenten nachzuweisen. Erhöhte „Pleasure-Werte" mündeten darüber hinaus in einer höheren Ausgabebereitschaft.[164] *Donovan et al.* (1994) konnten in ihrer wissenschaftlichen Arbeit die Möglichkeit aufdecken, durch attraktive Verkaufsräume Freude bei den Kunden zu erzeugen. Auch *Babin* und *Darden* (1995) war es möglich, eine positive Wirkung der Gestaltung von Ladenflächen auf die Kundenzufriedenheit nachzuweisen. Als attraktiv nahmen Kunden einen Verkaufsraum war, der aktivierend wirkte, Vergnügen erzeugte und übersichtlich schien.[165]

Die Studien und Theorien weisen somit auf eine positive Wirkung eines angenehmen Einkaufsumfeldes auf das wahrgenommene Vergnügen der Konsumenten hin. Dieser Zusammenhang wird in *Hypothese 8* festgehalten.

H8: Je positiver das Einkaufsumfeld wahrgenommen wird, desto größer ist das wahrgenommene Vergnügen.

[161] Vgl. Hellrung (2012), S. 23.
[162] Vgl. Kaltcheva/Weitz (2006), S. 108.
[163] Vgl. Donovan et al. (1994), S. 291.
[164] Vgl. Sherman/Mathur/Smith (1998), S. 373.
[165] Vgl. Olderog (2003), S. 173.

3.3 Antizipierte Zufriedenheit

Die (antizipierte) Zufriedenheit der Konsumenten kann sich auf verschiedene Ebenen des Kaufprozesses beziehen, wie den Konsum eines Produktes oder die gesamte Kaufsituation. Oft geht sie mit einer gewissen Erwartungshaltung einher, die sich nach dem jeweiligen Erfüllungsgrad in verschiedenen Zufriedenheitsstufen ausdrückt.[166]

Es kann zwischen unterschiedlichen Qualitätsattributen differenziert werden, die einen variierenden Einfluss auf die Zufriedenheit haben. Die emotionale Aufladung der Marke, die sich auch in der affektiven Reputation widerspiegelt, stellt ein „Attractive qualtity element" dar. Attribute dieser Art erhöhen die Zufriedenheit; führen aber im Fall der Abwesenheit nicht zu Unzufriedenheit. Sie stellen unbewusste Bedürfnisse dar, weshalb eine Erfüllung dieser Anforderungen zu überproportionaler Steigerung des Zufriedenheitsempfindens führt.[167] Viele Autoren wie *Parasuraman et al.* (1995, 1986) und *Hill* (1996) beschreiben Zufriedenheit als Perzeption und rechtfertigen somit den Ansatz der Antizipation, der in dieser Studie zur Anwendung kommt, da sich Wahrnehmungen leichter vorstellen lassen.[168] Wie bereits erläutert, lösen sympathische, attraktive Marken bei Konsumenten positive Emotionen aus. Weiterhin ist zu vermuten, dass im Rahmen des Kaufprozesses bei sympathischen Marken das affektive Involvement im Entscheidungsprozess höher ausgeprägt ist.[169] *Möll* konnte innerhalb seiner Studie nachweisen, dass Marken mit hoher emotionaler Reputation bei Probanden mehr positive Assoziationen auslösten, als es bei weniger emotionalen oder neutralen Marken der Fall war.[170]

Letztlich ist somit eine positive Wirkung der affektiven Reputation auf die antizipierte Zufriedenheit festzuhalten. *Hypothese 1* postuliert daher:

H1: Je höher die affektive Reputation, desto höher ist die antizipierte Zufriedenheit.

Die Steigerung der funktionalen Reputation durch eine positive Beeinflussung der Produktattribute wie Preis, Innovationsgrad oder Qualität geht mit einer Erhöhung der Kundenzufrie-

[166] Vgl. Grigoroudis/Siskos (2010), S. 4.
[167] Vgl. Hölzing (2008), S. 82.
[168] Vgl. Grigoroudis/Siskos (2010), S. 5.
[169] Vgl. Eckhardt (2011), S. 118.
[170] Vgl. Möll (2007), S. 184.

denheit einher. Steht ein Unternehmen in dem Ruf, Produkte eines guten Preisleistungsverhältnisses zu führen, wird der jeweils angebotenen Marke aufgrund vermeintlich objektiver Kriterien eine gesteigerte Wertschätzung entgegengebracht.[171] Funktionale Attribute können sowohl als „Must-be quality elements“ Unzufriedenheit vermindern, als auch Zufriedenheit erhöhen.[172] Es ist somit festzuhalten, dass die Höhe der funktionalen Reputation die antizipierte Zufriedenheit positiv beeinflusst. Daher lautet *Hypothese 6*:

H6: Je höher die funktionale Reputation, desto höher ist die antizipierte Zufriedenheit.

Als Grunddimension aller Antriebsprozesse nimmt die Aktivierung einen besonderen Stellenwert innerhalb des Kaufprozesses ein. Konsumenten werden durch eine innere Erregung aufnahmefähiger und können vorhandene Informationen besser verarbeiten.[173] Beschreiben Konsumenten eine Marke als „anregend“ ist dies positiv assoziiert.[174] Konsumenten streben somit nach aktivierenden Reizen, was sich auch im „Variety seeking“ zeigt. Danach fühlen sich Kunden bei einer größeren Anzahl von Alternativen und somit verschiedenen Reizen zufriedener. Auch nehmen es Konsumenten als positiv wahr, wenn sie möglichst gut über Produkte informiert sind. Dieses bewusste Sammeln von Informationen zeigt, dass die Zufriedenheit mit der Anzahl kognitiver Reize steigen kann.[175] Damit lässt sich eine positive Relation zwischen Zufriedenheit und Erregung durch *Hypothese 9* festhalten.

H9: Je höher die Erregung, desto höher ist die antizipierte Zufriedenheit.

Laut *Leven* führen durch Kunden wahrgenommene positive Emotionen zu gesteigerter Kundenzufriedenheit.[176] Auch *Faullant* zeigte mit ihrer Studie, dass Emotionen einen großen Teil der Varianz der Zufriedenheit erklären.[177]

[171] Vgl. Von Loewenfeld (2003), S. 1.
[172] Vgl. Hölzing (2008), S. 82.
[173] Vgl. Weihs (2010), S. 20.
[174] Vgl. Knoblich/Scharf/Schubert (2003), S. 256.
[175] Vgl. Van Baal (2011), S. 62.
[176] Vgl. Leven (2007), S. 308.
[177] Vgl. Faullant (2007), S. 85.

Gemeinhin wird die emotionale Anziehungskraft eines Produktes mit dem empfundenen Vergnügen (Pleasure) in Verbindung gebracht, was sich wiederum in einer höheren Konsumentenzufriedenheit widerspiegelt.[178] Somit postuliert *Hypothese 10*:

H10: Je größer das wahrgenommene Vergnügen, desto höher ist die antizipierte Zufriedenheit.

3.4 Emotionsgeleitete Handlungsintentionen als resultierende Größen

3.4.1 Kaufabsicht Marke

Um das Kaufverhalten abbilden zu können, wird in Forschungsarbeiten oft das Konstrukt „Kaufabsicht" eingesetzt. Zahlreiche Studien konnten zeigen, dass von der reinen Intention einen Kauf zu tätigen auf das wirkliche Kaufverhalten geschlossen werden kann. Allein Einstellungen gegenüber einem Objekt reichen oft aus, um Schlüsse auf den späteren Kauf ziehen zu können.[179] Auch *MacKenzie*, *Lutz* und *Belch* verwenden in ihrem „Attitude Towards The Ad-Modell" die Kaufabsicht, um den tatsächlichen Kauf darzustellen.[180] Eine wichtige Determinante der besagten Kaufabsicht stellt die Konsumentenzufriedenheit dar.[181] Aufgrund des Untersuchungsziels interessiert im Rahmen der vorliegenden Studie das Konstrukt der antizipierten Zufriedenheit. Da Zufriedenheit überwiegend als Perzeption betrachtet wird, ist der Ansatz der Antizipation zu rechtfertigen, da anzunehmen ist, dass die Vorstellung eigener Erwartungen und Wahrnehmungen zu realisieren ist.[182] Die eigentliche Zufriedenheit setzt den Kauf voraus und kann durch die individuellen Erwartungen an das und Erfahrungen mit dem Produkt entstehen. Es besteht die Möglichkeit, die Differenz zwischen Erwartungen und Erfahrungen als Prädiktor für einen erneuten Kauf heranzuziehen.[183]

Eine Vielzahl wissenschaftlicher Studien weist einen positiven Zusammenhang zwischen der Konsumentenzufriedenheit und der Intention des Kaufs nach. Dabei wird Zufriedenheit als einer der wichtigsten Pfeiler des Geschäftserfolgs behandelt.[184] Auch *Taylor* und *Baker* (1994)

[178] Vgl. Von Loewenfeld (2003), S. 29.
[179] Vgl. Foscht/Swoboda (2007), S. 64.
[180] Vgl. MacKenzie/Lutz/Belch (1986), S. 131.
[181] Vgl. Martin (2009), S. 34.
[182] Vgl. Grigoroudis/Siskos (2010), S. 5.
[183] Vgl. Kullmann (2006), S. 103.
[184] Vgl. Schulze (2002), S. 60.

bestätigen die Ansicht, Konsumentenzufriedenheit sei einer der Schlüsselfaktoren zur Erklärung von Kaufabsicht.[185] *Heitmann* (2006) schließt sich an und fasst zusammen, dass Konsumentenunzufriedenheit einen negativen Einfluss auf die Kaufintention hat und unterstützt den bereits betonten Zusammenhang aus entgegengesetzter Perspektive.[186]

Letztlich ist festzuhalten, dass die antizipierte Zufriedenheit einen positiven Effekt auf die Kaufabsicht hat. *Hypothese 11* postuliert daher:

H11: Je höher die antizipierte Zufriedenheit, desto höher ist die Kaufabsicht.

3.4.2 Loyalität gegenüber der Marke

Zufriedene Kunden bleiben in der Regel einer Marke oder einem Anbieter treu. Dieses Verhalten der Loyalität wirkt risikoreduzierend und der zufriedene Kunde wird somit nicht „die Gefahr" eines Anbieterwechsels auf sich nehmen.[187] Die grundlegende These einer positiven Wirkung der Zufriedenheit auf die Loyalität der Konsumenten konnte in zahlreichen Studien erwiesen werden.

Douven nennt in ihrer Studie zur Wirkung von Marken unter anderem die Forschungsarbeit von *Blong* (1993), in der ein positiver Zusammenhang zwischen Kundenzufriedenheit und Loyalität aufgedeckt werden konnte. Loyalität wurde hier besonders durch die Faktoren Produkte, Verkaufspersonal und Wirtschaftlichkeit der angebotenen Waren bedingt. Des Weiteren fasst die Forscherin die Erkenntnisse von *Giering* (1999) zusammen. Die angesprochene Studie deckte eine positive Wirkung der Zufriedenheit auf Wiederkaufabsicht und Zusatzkaufabsichten auf.[188] Allerdings ist anzumerken, dass im Kontext der vorliegenden Arbeit Loyalität nicht allein durch Wiederkaufsabsichten gemessen wird. Die Problematik besteht darin, dass eine Unterscheidung nicht möglich erscheint, ob Kunden aus Überzeugung oder rein situativ handeln. Daher sind nach dem Vorbild der aktuellen Marketingliteratur Verhaltens- als auch Einstellungskomponenten in das Konzept der Loyalität zu integrieren.[189] Der Forscher *Nyer* (1996) beschreibt in seiner Studie, dass die Bedeutung des Konstruktes der Kundenzufriedenheit für

[185] Vgl. Taylor/Baker (1994), S. 163.
[186] Vgl. Heitmann (2006), S. 291.
[187] Vgl. Dettmer (2005), S. 134.
[188] Vgl. Douven (2009), S. 142.
[189] Vgl. Wunderle (2006), S. 116.

die Wissenschaft darin liegt, dass sie als Grundlage für die Erklärung zahlreicher Konsumentenphänomene dient.[190] Auch die praxisorientierte Studie von *Adelmessih*, *Silverstein* und *Stanger* (2001) bescheinigt einen positiven Einfluss von Konsumentenzufriedenheit auf Loyalität und Fürsprechertum und somit Weiterempfehlungsverhalten.[191] *Homburg* und *Giering* postulieren ebenfalls, dass in Theorie und Forschung gemeinhin von einer starken Wirkung der Zufriedenheit auf die Konsumentenloyalität ausgegangen wird, auch wenn sie die Existenz moderierender Effekte auf diese Relation einräumen.[192] *Hypothese 12* kann somit festhalten, dass die Zufriedenheit der Konsumenten einen positiven Einfluss auf die Loyalität gegenüber der Marke hat:

H12: Je höher die antizipierte Zufriedenheit, desto höher ist die Loyalität gegenüber der Marke.

3.4.3 Word of Mouth Intention

Konsumentenzufriedenheit, die entsteht wenn Erwartungen an eine Marke erfüllt oder übertroffen werden, ist als eine der führenden Determinanten der WOM Intention anzusehen. Je zufriedener ein Kunde ist, desto höher ist die Wahrscheinlichkeit einer positiven WOM Absicht.[193] Im Gegenzug führt Unzufriedenheit der Konsumenten zu negativem WOM Verhalten.[194] Dies ist besonders schädlich für das betroffene Unternehmen, da unzufriedene Kunden häufiger von ihren negativen Erfahrungen berichten, als zufriedene über ihre positiven Erlebnisse.[195] *Keiningham et al.* (2005) zitieren *Vavra*, laut dem die Unzufriedenheit eines Kunden diesen dazu bewegt, dass er mit einer Wahrscheinlichkeit von 91 Prozent nicht mehr von der Unternehmung kaufen wird, die ihn enttäuscht hat. Zusätzlich ist der Kunde gewillt mindestens neun anderen Personen von seinen schlechten Erfahrungen zu berichten.[196]

[190] Vgl. Nyer (1996), S. 255.
[191] Vgl. Von Loewenfeld (2006), S. 255.
[192] Vgl. Homburg/Giering (2001). S. 43 ff.
[193] Vgl. Radic/Posselt (2009), S. 252.
[194] Vgl. Heitmann (2006), S. 291.
[195] Vgl. Schulze (2002), S. 60.
[196] Vgl. Keiningham et al. (2005), S. 90.

In diesem Kontext scheint es wichtig zu verdeutlichen, dass im Rahmen der vorliegenden Studie WOM positiv kategorisiert wird. Studien wie von *Keiningham et al.* zeigen, dass Zufriedenheit und Unzufriedenheit die WOM Intention erhöhen können, wenn man das Konstrukt nicht als Ausdruck der Empfehlung, sondern als neutrales Konstrukt des Berichtens definiert.[197] Die Erhöhung der WOM Absicht durch die Zufriedenheit der Konsumenten kann in *Hypothese 13* festgehalten werden.

H13: Je höher die antizipierte Zufriedenheit, desto höher ist die WOM Absicht.

3.5 Moderierende Variablen des Modells

3.5.1 Fit zwischen affektiver Markenreputation und Einkaufsumfeld

Laut den Konsistenztheoretikern streben Individuen, wie in Kapitel 2.3 verdeutlicht, nach der Vermeidung von Inkonsistenzen oder Widersprüchen in kognitiven Strukturen.[198] Diese Theorie lässt sich auch auf die Wahrnehmung von Markenwelten übertragen. Konsistente Markenbotschaften, die über verschiedene Sinneskanäle hinweg mit demselben Inhalt transportiert werden, nimmt das menschliche Gehirn besonders gut auf.[199] Somit ist zu vermuten, dass sich die emotionale Aufladung einer Marke, die sich in der affektiven Reputation widerspiegelt, im Verkaufsumfeld als wichtiger Bestandteil des Markenauftritts zeigen sollte. Teilweise trägt das Einkaufserlebnis mehr zum Kaufprozess bei als das Produkt selbst. Die emotionale Wahrnehmung der Marke kann durch positiv oder negativ erlebten Kontakt zum Verkaufspersonal, die Gestaltung der Verkaufsräume und die Atmosphäre in den Läden beeinflusst werden.[200]

Kommt es zu kognitiven Inkonsistenzen, ist es nach der Theorie der „Kognitiven Dissonanz" möglich, dass Gefühle des Unbehagens auftreten und das Bestreben entsteht, dieses Unwohlsein zu reduzieren.[201] Letztlich könnte diese Dissonanz durch Reinterpretation beseitigt werden.[202] Folglich ist anzunehmen, dass bei positiver Wahrnehmung der Marke durch eine vorteilhafte affektive Reputation und negativen Eindrücken bezüglich des Einkaufsumfeldes eine der beiden Wahrnehmungen angepasst werden müsste. In dem besagten Fall wäre dies die

[197] Vgl. Anderson (1998), S. 15.
[198] Vgl. Suckow (2011), S. 76.
[199] Vgl. Häusel (2012), S. 5.
[200] Vgl. Menges/Ebersbach (2008), S. 29.
[201] Vgl. Bültel (2011), S. 340.
[202] Vgl. Festinger (1957), S. 2.

Abwertung der Marke oder die Aufwertung des Einkaufsumfeldes. Ein negativer Effekt der empfundenen Inkonsistenz auf die Glaubwürdigkeit des Markenauftritts kann jedoch aus den vorgestellten Theorieüberlegungen in beiden Fällen vermutet werden.

Es ist somit festzuhalten, dass der Grad zu welchem der (emotionale) Ruf der Marke und die Verkaufsräume als passend empfunden werden, positiv auf die Wahrnehmung der Marke wirkt. *Hypothese 14* postuliert daher einen moderierenden Effekt des empfundenen Fits.

H14: Die Stärke der Konstruktzusammenhänge des aufgestellten Modells unterscheidet sich in Abhängigkeit des Fits zwischen Einkaufsumfeld und emotionaler Reputation der Marke signifikant voneinander.

3.5.2 Fit zwischen funktionaler Markenreputation und Einkaufsumfeld

Die erläuterten theoretischen Zusammenhänge lassen sich auch plausibel auf den Fit zwischen funktionaler Reputation und Einkaufsumfeld übertragen. Ebenso wie der emotionale Nutzen kann der funktionale Nutzen als Mehrwert über verschiedene Ebenen kommuniziert werden.[203] Qualitativ hochwertige Produkte sollten in einem ausgewählten Verkaufsumfeld mit anspruchsvollem Ambiente angeboten werden, das in harmonischer Relation zu dem Produkt steht.[204] Analog zu *Hypothese 14* hält *Hypothese 15* somit fest:

H15: Die Stärke der Konstruktzusammenhänge des aufgestellten Modells unterscheidet sich in Abhängigkeit des Fits zwischen Einkaufsumfeld und funktionaler Reputation der Marke signifikant voneinander.

3.5.3 Fashion Consciousness

„Fashion Consciousness“ beschreibt das Interesse von Individuen an Mode und Stilfragen. Eine Person muss kein Meinungsführer oder Modevorreiter sein, um als modebewusst zu gelten.[205] Modebewusste Kunden haben andere Ansprüche als Kunden, bei denen Kleidung keinen großen Stellenwert einnimmt. Personen, für die Mode im Rahmen ihrer Selbstdarstellung wichtig ist, werden in einer Einkaufsstätte, die auch ein Sortiment für weniger modeinteressierte

[203] Vgl. Zeller (2009), S. 35.
[204] Vgl. Simon/Fassnacht (2009), S. 58.
[205] Vgl. Nam et al. (2006), S. 103.

Kunden bereitstellt evtl. negative Übertragungseffekte auf ihr gewünschtes Selbstimage befürchten. Es ist zu erwarten, dass modebewusste Kunden eher Boutiquen oder Fachgeschäfte mit entsprechender Beratung großen Warenhäusern vorziehen.[206] Das Einkaufsumfeld und Reputationsaspekte haben somit eine höhte Bedeutung für die Markenwahrnehmung der an Mode interessierten Kunden. Diese zeichnen sich weiterhin dadurch aus, dass sie sich gerne entsprechend aktueller Mode (up-to-date) kleiden, ihren Kleidungsstil häufiger wechseln und Einkaufen als sehr angenehm empfinden.[207] Diese Kunden sind für neue bzw. innovative Produkte besonders wichtig, da sie durch gesteigerte Kauffrequenz dafür sorgen, dass eine große Anzahl von Konsumenten Kenntnis von einem neuen Angebot erlangt.[208] Gleichzeitig gilt es allerdings von Unternehmensseite ihren gesteigerten Ansprüchen gerecht zu werden, um diese fordernde Kundengruppe zufriedenzustellen.

Bezogen auf die Marktsegmentierung erscheint es empfehlenswert, mehr und weniger modebewusste Kunden als getrennte Segmente zu behandeln. Dem Kriterium wird ein solcher Stellenwert zugesprochen, dass es sich als lohnenswert darstellt, die kommunikative Ansprache und die Gestaltung der Einkaufstätten zielgruppenspezifisch anzupassen.[209] Eine identische Behandlung von modebewussten und weniger modebewussten Endkunden kann erhebliche negative Auswirkungen mit sich tragen. Die glaubhafte Profilierung der Marke ist durch nicht vorhandene Segmentierung gefährdet.[210]

Eine getrennte Betrachtung beider Gruppen erscheint somit auch auf Theorieebene notwendig. Es bleibt festzuhalten, dass sich das Modebewusstsein der Kunden deutlich auf deren Einstellungen, Markenwahrnehmung, Kaufverhalten und damit verbundene Variablen auswirkt. Da diese Gegebenheiten die Zusammenhänge im Modell tangieren gilt:

H16: Die Stärke der Konstruktzusammenhänge des aufgestellten Modells unterscheidet sich in Abhängigkeit des Modebewusstseins der Konsumenten signifikant voneinander.

[206] Vgl. Barth/Hartman/Schröder (2007), S. 148.
[207] Vgl. Nam et al. (2006), S. 103.
[208] Vgl. Kromer (2008), S. 87.
[209] Vgl. Kesting/Rennhak (2008), S. 72.
[210] Vgl. Opresnik/Carsten (2012), S. 127.

3.5.4 Arousal als Interaktionsterm

Nach dem PAD-Paradigma von *Mehrabian* und *Russell* (1974) werden die Erregung (Arousal) und das empfundene Vergnügen (Pleasure) als separate Dimensionen zur Messung emotionaler Reaktionen verwendet.[211] Laut *Laroche et al.* gibt es aber zahlreiche wissenschaftliche Studien, wie die von *Berlyne* (1974) sowie *Mano* und *Oliver* (1993), die einen Einfluss des Konstrukts „Arousal“ auf „Pleasure“ bestätigen.

Die Ausprägung des Effekts ist dabei umstritten. *Laroche et al.* vermuten, dass nur eine positiv geprägte Erregung das empfundene Vergnügen der Probanden erhöht.[212] *Mehrabian* und *Russell* (1974) als Vertreter der „Traditional Pleasure-Arousal Interaction“ nehmen dagegen an, dass ein höheres Aktivierungslevel das Empfinden positiver oder negativer Emotionen, je nach Ausrichtung der Valenzdimension, verstärkt. *Wirtz*, *Mattila* und *Tan*, die sich intensiv mit der Beziehung zwischen „Arousal“, „Pleasure“ und „Satisfaction“ auseinandersetzen, konnten allerdings beobachten, dass ein hohes „Arousal Level“ einen negativen Effekt auf den Wirkungszusammenhang zwischen Vergnügen und Zufriedenheit der Probanden hatte.[213]

In ihrer wissenschaftlichen Studie konnten *Mattila* und *Wirtz* ebenfalls die These bestätigen, dass die Erregungsdimension die Relation von „Pleasure“ und „Satisfaction“ beeinflusst. Positive Empfindungen führten zusammen mit höheren Aktivierungswerten zu einer größeren Zufriedenheit; bei negativen Gefühlen resultierte Aktivierung in einer gesteigerten Zufriedenheitsminderung.[214] *Watson* und *Tellegen* (1985) berücksichtigen ebenfalls beide Dimensionen, „Pleasure“ und „Arousal“, um den Gemütszustand zu messen. Je nach Erregungszustand kann sich ein Konsument „erfreut“ oder „ruhig“ bei gleicher Ausprägung der Valenzdimension fühlen, was sich wiederum auf die Zufriedenheit auswirkt.[215] Es ist somit zu vermuten, dass „Arousal“ einen Einfluss auf die Beziehung von Vergnügen und empfundener Zufriedenheit des Probanden hat. *Hypothese 17* hält daher fest:

H17: Die Wirkung des wahrgenommenen Vergnügens auf die antizipierte Zufriedenheit variiert in Abhängigkeit des Grades der Erregung.

[211] Vgl. Regier (2007), S. 116.
[212] Vgl. Laroche et al. (2005), S. 159.
[213] Vgl. Wirtz/Mattila/Tan (2000), S. 360.
[214] Vgl. Mattila/Wirtz (2000), S. 592.
[215] Vgl. Mano/Oliver (1993), S. 452 f.

4 Empirische Überprüfung des Modells zur Wirkung der Markenreputation

4.1 Konzeption der empirischen Studie

4.1.1 Abercrombie & Fitch als Untersuchungsgegenstand

Zur empirischen Überprüfung der Modellzusammenhänge gilt es ein Untersuchungsobjekt zu bestimmen, das spezifische Anforderungen erfüllt. Um eine Untersuchung der Reputationswirkung im Sinne des, in Kapitel zwei verdeutlichten Reputationsverständnisses zu erreichen, werden entsprechende Erwartungen an das Objekt gestellt. Zunächst setzt Reputation als Entscheidungshilfe voraus, dass die betroffene Person bereits von dem Ruf des Interessenobjektes Kenntnis genommen hat. Diese Information über das Reputationsobjekt muss frei zugänglich sein, um die öffentliche Meinungsbildung zu ermöglichen und sich nicht auf Fachkreise zu beschränken.[216] Gleichzeitig ist eine zu hohe Vertrautheit mit dem betroffenen Objekt hinderlich für die Untersuchung der Reputationswirkung, da sie wie in Kapitel 2.2 ersichtlich, als kollektive Fremderfahrung verstanden werden kann und somit gemeinschaftlich und nicht individuell konstituiert wird. Reputation dient in diesem Sinne als wirksames Mittel der Entscheidungsunterstützung und mildert durch öffentlich zugängliche Anhaltspunkte eigene Erfahrungsdefizite ab.[217] Frühzeitig in Deutschland etablierte Unternehmen eignen sich folglich nicht als Untersuchungsobjekt, da davon ausgegangen werden kann, dass die Probanden bereits zahlreiche persönliche Erfahrungen mit der jeweiligen Marke gesammelt haben. Eine initiale Wirkung von Reputation ist somit nicht mehr beobachtbar, da sie von den eigenen Erfahrungen überlagert wird. Nischenunternehmen und unbekannte Firmen eignen sich aufgrund eines niedrigen Bekanntheitsgrades ebenso wenig.

Des Weiteren ist es von besonderem Belang für die zentrale Untersuchungsfrage zwischen der Wirkung kognitiver und emotionaler Reputationsfaktoren auf das emotionale Erleben zu unterscheiden. Daher ist ein Untersuchungsobjekt zu wählen, das eine emotionale Reaktion auslöst, die sich sowohl auf einen affektiven als auch einen reflektiven Prozess stützt.[218] Produkte, die automatisiert, impulsiv oder habituell gewählt und somit kaum kognitive Kapazität fordern

[216] Vgl. Ripperger (2003), S. 100.
[217] Vgl. Thießen (2011), S. 28.
[218] Vgl. Vetter (2010), S. 65.

kommen ebenso wenig in Frage, wie Produkte bei denen Emotionen eine weniger große Bedeutung aufweisen.[219] In der wissenschaftlichen Literatur wird „Fashion Clothing" oftmals als Produktkategorie hohen Involvements genannt. Durch die nach außen getragene, symbolische Wirkung des Kleidungsstils ist es möglich, der eigenen Persönlichkeit Ausdruck zu verleihen.[220] Dadurch kommt dieser Produktgruppe eine besondere Bedeutung für den Auswahlprozess zu. Ein spezielles Augenmerk kann bei bewusster Kaufentscheidung auf die Kategorie von Kleidung gelegt werden, die über besondere Qualitätsmerkmale verfügt oder durch ihre Markenkennzeichnung das Bedürfnis nach Prestige erfüllt.[221]

Das US-amerikanische Kleidungsunternehmen „Abercrombie & Fitch" scheint alle genannten Voraussetzungen zu erfüllen und wird im Folgenden näher vorgestellt. Trotz der erst kurzfristigen Präsenz auf dem deutschen Markt hat das Unternehmen hohe Bekanntheit erlangt. Bereits vor dem europäischen Markteintritt erfreute sich die Marke großer Beliebtheit in den Vereinigten Staaten. Unter der Fangemeinde befanden sich auch deutsche Touristen, die erworbene Kleidungsstücke mit Stolz in der Heimat trugen. Dieser Erfolg stützt sich nicht zuletzt auf den Markenkult, der das Unternehmen umgibt. Werbung im klassischen Sinne wird nahezu nicht eingesetzt. Vielmehr steht die Inszenierung eines Images im Vordergrund. Besondere Bedeutung wird dabei der Idealisierung von Jugend und Ästhetik zugesprochen. Dies zeigt sich deutlich in dem Zitat von Michael Jeffries, des exzentrischen Chefs von Abercrombie: „Ganz ehrlich, wir wollen die coolen Kids. Viele Menschen haben in unserer Kleidung nichts zu suchen."[222]

Die Ladenflächen der Marke spiegeln den Lifestyle von „Abercrombie & Fitch" wider. Besonderer Wert wird bei der Standortauswahl auf eine exponierte, repräsentative Lage gelegt, die Luxus und Exklusivität betont. Von gedimmtem Licht über Gemälden an den Wänden, moderner Elektromusik bis hin zu dem charakteristischen Duft, der in den Räumlichkeiten versprüht wird, ist jedes Detail fester Bestandteil des weltweiten „A&F Konzepts".[223] Auch die Mitarbeiter sollen den Lifestyle der Marke leben. Anhaltspunkte für die, von den Entscheidungsträgern präferierte, äußerliche Erscheinung der Angestellten bieten in den Printkampagnen platzierte

[219] Vgl. Jedrowiak (2008), S. 191.
[220] Vgl. O'Cass (2004), S. 869.
[221] Vgl. Martin (1998), S. 17.
[222] Vgl. Slavik (2012), S. 2.
[223] Vgl. Hultén/Broweus/van Dijk (2009), S. 109.

Models.[224] Der Konzern ging so weit ein „Look Book" zu veröffentlichen, nach dem Storemanager Bewerbern, die den „All-American Stil" verkörpern, den Vorzug geben sollten.[225] Darüber hinaus gelten während der Arbeitszeiten besondere Kleidungsvorgaben für die Angestellten. Bevorzugt sollte die aktuelle Saisonware getragen werden; zumindest muss aber der Stil der Marke beibehalten werden.[226] Dieser gelebte Markenkult führte dazu, dass die Marke weltweite Bekanntheit und Reputation aufbauen konnte.[227]

Die Betonung des selektiv ausgerichteten und durchaus riskanten Reputationsmanagements als wichtigstes Kommunikationsmittel der Marke, sowie die erst kurzeitige Präsenz auf dem deutschen Markt, erfüllen die erste notwendige Bedingung eines geeigneten Untersuchungsobjektes.[228] Weiterhin ist aufgrund der gehobenen Preise von „Abercrombie & Fitch" und der Annahme, eigenen Persönlichkeitsmerkmalen durch Kleidung Ausdruck zu verleihen, festzuhalten, dass ein gewisses Involvement Bestandteil des Auswahlprozesses für ein Kleidungsstück der Marke ist.[229] Folglich gilt auch die zweite Bedingung, durch die Vermutung über das Vorhandensein eines kognitiven Vorgangs bei der Produktauswahl, als erfüllt. Das Unternehmen eignet sich somit sehr gut als Untersuchungsobjekt zur Überprüfung der vorgestellten Modellzusammenhänge. Die in *Abbildung 2* dargestellte Collage soll einen ersten Eindruck des von „Abercrombie & Fitch" verkörperten Ideals ermöglichen.

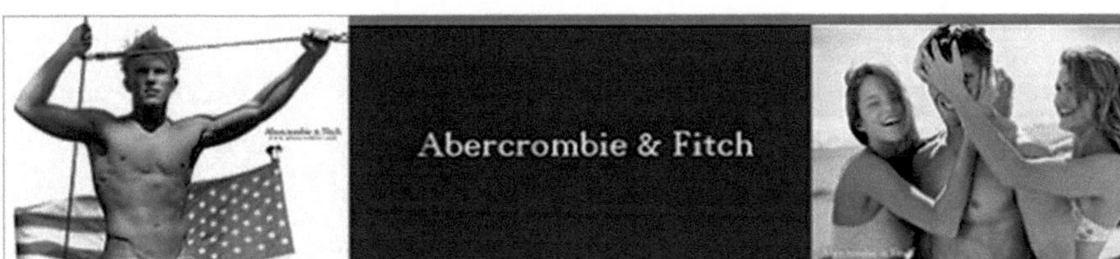

Abbildung 2: Collage, die bei der Probandenbefragung zur Anwendung kommt[230]

[224] Vgl. Williams/Connell (2010), S. 354.
[225] Vgl. Hurley-Hanson/Giannantonio (2006), S. 450.
[226] Vgl. Driessen (2005), S. 4.
[227] Vgl. Fioroni/Titterton (2009), S. 13.
[228] Vgl. Doorley/Garcia (2010), S. 2.
[229] Vgl. Feinberg/Mataro/Burroughs (1992), S. 18.
[230] Eigene Abbildung aus Graphiken der Abercrombie & Fitch Homepage.

4.1.2 Untersuchungsdesign und deskriptive Auswertung

Zur Erfassung des empirischen Datenmaterials ist die Erhebungsmethode zu bestimmen. Innerhalb der vorliegenden Studie kommt aufgrund zeitlicher und finanzieller Restriktionen die Datenerhebung mit Hilfe der Online-Befragung zur Anwendung. Die Digitalisierung der Daten aus den ausgefüllten Fragebögen ermöglicht ein unkompliziertes Importieren der Befragungsergebnisse in Datenbanken und stellt somit eine wesentliche Erleichterung für die Auswertung dar.[231] Weiterhin spricht die Vielzahl von Internetusern und demnach eine große potentielle Reichweite für das Durchführen einer Online-Umfrage.

Während der Befragung werden Probanden mit vorgegebenen Antwortmöglichkeiten konfrontiert; offene Fragen kommen nur zu Beginn der Studie in Form von Eisbrecherfragen zum Einsatz.[232] Die Probanden werden in diesem Zusammenhang gebeten, ihre spontanen Empfindungen beim Anblick abgebildeter Situationen zu nennen. Die Eisbrecherfragen sollen sowohl auf den bevorstehenden Fragenkatalog vorbereiten, als auch einen erleichterten Einstieg in die Thematik der Studie ermöglichen. Dabei ist es für die genannten Ziele von besonderer Bedeutung, dass jedem der Probanden eine Antwort auf die Fragen möglich ist.[233] Die Befragung schafft eine für die Teilnehmer ungewohnte Situation, in der sie persönliche Details von sich preisgeben. Eisbrecherfragen bauen im idealen Fall Hemmungen ab und schaffen eine entspannte Atmosphäre für den Befragten. Der Proband wird somit „gesprächig" gemacht.[234] Darüber hinaus sollte eine Frage dieser Kategorie Lust auf die Thematik machen. Sie muss dabei nicht zwingenderweise in Bezug zu dem Fragenkatalog des Hauptteils stehen. Im Fall der vorliegenden Studie wurde allerdings auf eine inhaltlich themenbezogene Fragegestaltung geachtet, da zur Einstimmung auf emotionalen Themen eine mentale Vorbereitung sinnvoll ist. Weiterhin sollen die Fragen zur Teilnahme anregen. Jeder potentielle Proband gestaltet für sich vor Beginn der Befragung eine individuelle Kosten-Nutzen Abwägung. Wenn das Interesse der betroffenen Person aus den ersten Fragen an der Studie bestärkt wird, ist eine Teilnahmeentscheidung wahrscheinlicher. Dazu sollten Eisbrecherfragen Signale für eine spannende Befragung enthalten, die der Proband auf seine persönliche Situation beziehen kann und im besten Fall als unterhaltsam empfindet.[235] Aufgrund der vorgestellten Argumente wurden die Eisbrecherfragen offen

[231] Vgl. Huber/Regier/Rinino (2008), S. 18.
[232] Vgl. Huber/ Matthes/Stenneken (2008), S. 80.
[233] Vgl. Pürer (2003), S. 534.
[234] Vgl. Klammer (2005), S. 224.
[235] Vgl. Porst (2011), S. 137 ff.

gestaltet. Sie waren inhaltlich auf die Thematik der Befragung ausgerichtet und bezogen sich direkt auf die persönliche Einschätzung der Probanden. *Abbildung 3* zeigt einen Fragebogenausschnitt mit den genannten Eisbrecherfragen auf.

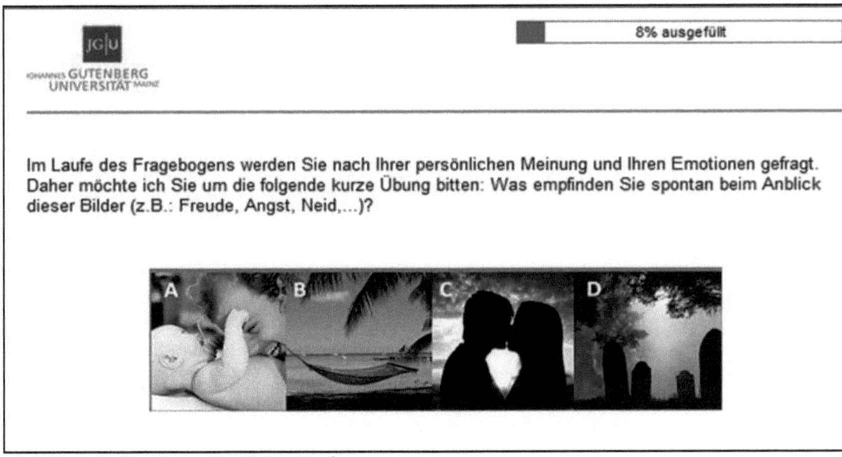

Abbildung 3: Gestaltung der Eisbrecherfragen

Die Formulierung der Aussagen, zu denen die Probanden Stellung nehmen, orientiert sich an bereits validierten Messinstrumenten aus wissenschaftlichen Studien im Kontext des Modells der vorliegenden Arbeit.[236] Um ihrer Position Ausdruck zu verleihen, erhalten die Studienteilnehmer unter anderem die Möglichkeit, sich auf einer siebenstufigen Likertskala für eine der Aussagen von „Stimme gar nicht zu“ bis „Stimme voll und ganz zu“ zu entscheiden. Die ungerade Zahl erlaubt es den Probanden, eine inopportune Haltung anzunehmen und vermeidet Antwortverweigerungen oder den Abbruch der Befragung.[237] Zur möglichst abwechslungsreichen Gestaltung des Fragebogens kommt des Weiteren die Befragungsmethode des semantischen Differentials zum Einsatz. Das Verfahren wird oft irreführenderweise als „Polaritätenprofil“ bezeichnet. Dieser Ausdruck bezieht sich jedoch auf die grafische Veranschaulichung der Ergebnisse. Im Fall des semantischen Differenzials werden die Probanden gebeten, ein Einstellungsobjekt anhand von Adjektiven zu beschreiben. Diese Bewertung erfolgt anhand der Wahl

[236] Vgl. Heidenreich/ Huber/ Vogel (2008), S. 103.
[237] Vgl. Mayer (2008), S. 84.

einer skalierten Abstufung zwischen bipolaren Gegensatzpaaren. Das Verfahren eignet sich insbesondere zur Imagemessung.[238] Zu Beginn des Fragebogens klärt eine kurze Einleitung die Befragten über den Anlass sowie den Gegenstand der Untersuchung auf. Daraufhin werden die Befragten mit den Eisbrecherfragen in die Thematik eingeführt. Wie bereits erläutert, erfordert die Untersuchung der Modellzusammenhänge spezifische Anforderungen. Eine Filterskala zu Beginn der Studie dient der Stichprobenstrukturierung.[239] Im vorliegenden Modell soll ein transformierter Trichter sicherstellen, dass die Möglichkeit besteht, Antworten derjenigen Probanden auszuschließen, die zu sehr mit dem Untersuchungsobjekt vertraut sind, oder denen die Marke „Abercrombie & Fitch" völlig unbekannt ist. Dadurch ist es möglich, die Voraussetzungen für die Untersuchung der Reputationswirkung sicherzustellen, die im voran gegangenen Kapitel erläutert wurden.

Ein einleitender Text über das Unternehmen „Abercrombie & Fitch" ermöglicht, dass unterschwellig Signale über rationale Reputationskomponenten transportiert und die Probanden diesbezüglich auf einen einheitlichen Stand gebracht werden. So enthält der Text unter anderem Hinweise zur Produkt- und Preisgestaltung. Auf emotionale Andeutungen wurde bewusst verzichtet, da sich die affektive Komponente auf Werturteile stützt und somit möglichst selbst durch den Probanden gebildet werden sollte.[240] Um die Bildung dieses Werturteils zu erleichtern, wurden die Probanden gebeten, ein Video der Eröffnung des Düsseldorfer Stores anzusehen. Darin waren charakteristische Elemente, wie die spezifische Inneneinrichtung, elektronische Musik und das gelebte Schönheitsideal vertreten. Daraufhin wurden die Fragen zu der Reputationswirkung platziert.

Generell sind innerhalb des Fragebogens inhaltliche Themenkomplexe zusammenzufassen. Parallelen können hierbei zur alltäglichen Kommunikation gezogen werden, bei der Gesprächspartner ebenfalls sukzessive verschiedene Komplexe abhandeln. In ähnlicher Form ist auch ein Fragebogen zu konstruieren. Die Übergänge zum jeweils nächsten Fragenkomplex werden grundsätzlich durch Überleitungssätze gestaltet.[241] Zur Einleitung auf die Fragenbatterien zur

[238] Vgl. Möhring/Schlütz (2010), S. 93.
[239] Vgl. Brosius/Haas/Koschel (2012), S. 97.
[240] Vgl. Kirstein (2009), S. 31.
[241] Vgl. Häder (2010), S. 230.

Bewertung des Einkaufsumfeldes erhielten die Probanden genaue Informationen über das Konzept der Storeeinrichtung. Außerdem war ihnen die Möglichkeit gegeben, die originale Storemusik von „Abercrombie & Fitch" anzuhören. Abgerundet durch einige charakteristische Bilder, die das äußere Erscheinungsbild der Mitarbeiter, die Verkaufsräumlichkeiten und die gedimmten Lichtverhältnisse aufzeigten, wurden die Probanden auf die anspruchsvolle Itembatterie vorbereitet. Durch dieses Vorgehen soll eine Überforderung der Befragten vermieden werden. Nach der Platzierung der restlichen Kernfragen schließt die Online-Befragung mit der Abfrage soziodemografischer Informationen ab.[242] Fragen dieser Kategorie sollten leicht zu beantworten sein und durch eine angemessene Platzierung nicht den Eindruck erwecken, zu sehr in die individuelle Privatsphäre einzudringen. Daher ist die Beantwortung der in dieser Hinsicht kritischen Fragen freizustellen.[243]

Bei der Gestaltung des Fragebogens wurde ein besonderes Augenmerk auf Designelemente gelegt. Durch jeweils passende Grafiken sollte die Motivation der Teilnehmer den anspruchsvollen Fragebogen vollständig und konzentriert auszufüllen gestärkt werden. Bei der Gestaltung gilt es grundsätzlich nicht nur Prinzipien der Übersichtlichkeit, sondern auch visuelle Kriterien zu beachten. Der Fragebogen soll optisch zum Ausfüllen animieren und dadurch unter anderem Abbrüche vermeiden.[244]

Um die Teilnahmebereitschaft an der Studie zu Erhöhen und dadurch auf eine möglichst große Datenbasis zurückgreifen zu können, bot eine Verlosung unter allen ausgefüllten Fragebögen die Chance auf ein Fotoshooting im Stil der Marke „Abercrombie & Fitch". Durch die Vergabe von „Incentives" kann, laut *Dannenberg* und *Barthel,* die Motivation zur Beantwortung des Fragebogens deutlich erhöht werden.[245] Der positive Effekt monetärer und nicht monetärer Anreize wird als Mittel zur Steigerung der Responserate schon langzeitig von Forschern innerhalb der schriftlichen Befragung eingesetzt.[246]

Den Forschern *James* und *Bolstein* war es in ihrer Studie über die Wirkung monetärer Incentives bei Mail Surveys möglich, nicht nur eine Steigerung der Response Rate zu messen, sondern

[242] Vgl. Heidenreich/ Huber/ Vogel (2008), S. 104.
[243] Vgl. Decker/Wagner (2002), S. 169.
[244] Vgl. Möhring/Schlütz (2010), S. 168.
[245] Vgl. Dannenberg/Barthel (2002), S. 205.
[246] Vgl. Church (1993), S. 63.

auch einen positiven Effekt auf die Bemühungen beim Ausfüllen der Befragung aufzudecken.[247] Um diese positiven Aspekte zu nutzen wurde die Möglichkeit der Verlosung über soziale Netzwerke und via E-Mail verbreitet. Zur Teilnahme war es den Probanden freigestellt, am Ende der Befragung ihre E-Mail Adresse zu hinterlassen. Da durch die Kontaktdetails Rückschlüsse auf teilnehmende Personen gezogen werden können, wurden die Probanden auf die Freiwilligkeit der Angabe im Fragebogen ausdrücklich hingewiesen.

Insgesamt nahmen 105 Personen an der Verlosung teil, von denen 64 Prozent weiblich waren. Hierdurch lässt sich eine größere Anziehungskraft des angebotenen Incentives auf das weibliche Geschlecht vermuten. Hinter der Anmerkung im Aufruf zur Teilnahme „ihr solltet schon einmal von „Abercrombie & Fitch" gehört haben; Wissen und Erfahrung bezüglich der Marke sind aber nicht notwendig" versteckt sich ein vorgelagerter Filter. Dieser sollte Probanden, durch die eine Reputationswirkung möglichst unverfälscht messbar gemacht werden kann, vorselektieren. Die endgültige Optimierung der Stichprobe wurde allerding wie zuvor erläutert durch die Filterfrage sichergestellt. Die folgende *Abbildung* zeigt den Social Media Aufruf zur Teilnahme nach der Schaltung der Verlosung.

Abbildung 4: Incentive zur Teilnahme an der Befragung

Insgesamt nahmen an der Befragung, vom 28. März bis zum 23. Mai 2013, 376 Personen teil. 58 Fragebögen wurden während der Bearbeitungszeit abgebrochen. Somit waren 309 vollständige Fragebögen für die Auswertung verfügbar. Für die Verwendung einer optimalen Stichprobe war die Berücksichtigung des eingebauten Filters notwendig. Es wurde drei Antwortbögen von Personen ausgeschlossen, die noch nie von der Marke gehört haben.

[247] Vgl. James/Bolstein (1990), S. 346.

20 Probanden waren zu sehr mit der Marke vertraut und gaben an, regelmäßig Kunde in „Abercrombie & Fitch Stores“ zu sein. Nach der Selektion durch den Filter ergaben sich somit 286 Fragebögen für die optimale Stichprobe.

Beide Geschlechter waren in der Probandengruppe ausreichend präsent, wobei der Frauenanteil mit 62,78 Prozent deutlich höher war. Dies lässt darauf schließen, dass die Thematik der Studie eher weibliche Probanden ansprach. Das Durchschnittsalter der Stichprobe beträgt gerundet 26 Jahre, wobei der jüngste Teilnehmer 13 Jahre und der älteste Teilnehmer 74 Jahre alt waren. Die Mehrheit der Probanden gab an, ein monatliches Nettoeinkommen bis 1000 Euro zu erhalten.

Dies lässt auf einen hohen Anteil an Studenten schließen. Dafür spricht auch das überdurchschnittlich hohe Bildungsniveau der Probandengruppe. 211 Teilnehmer gaben an, bereits über einen Hochschulabschluss zu verfügen, wobei sich 68,93 Prozent der gesamten Probandengruppe noch in der Ausbildung befanden. Die in Folge des Bologna Prozesses durchgeführte Unterteilung des Studiums auf Bachelor- und Masterebene erklärt die hohe Anzahl an Universitätsabsolventen, bei gleichzeitigem Studentenstatus. In der nachfolgenden *Tabelle 3* sind die allgemeinen Daten der deskriptiven Auswertung verzeichnet.

Daten der deskriptiven Auswertung	
Aufrufe des Fragebogens	583
Teilnehmer/innen an der Studie	367
Abgebrochene Fragebögen	58
Vollständige Fragebögen	309
Aussortierte Fragebögen (Filter)	23
Berücksichtigte Fragebögen	286

Tabelle 3: Daten der deskriptiven Auswertung

Eine detaillierte Übersicht der Stichprobenwerte ist in *Tabelle 4* dargestellt. Die Angaben sind jeweils absolut und prozentual verzeichnet.

Stichprobenwerte			
Merkmal	**Merkmalsausprägung**	**Häufigkeiten absolut**	**Häufigkeiten in Prozent**
Geschlecht	Weiblich	194	62,78
	Männlich	115	37,22
Alter	Durchschnittliches Alter in der Stichprobe	25,98	
	Jüngste/r Teilnehmer/in	13	
	Älteste/r Teilnehmer/in	74	
Monatliches Nettoeinkommen	Unter 250 €	20	6,47
	250 € bis unter 500 €	70	22,65
	500 € bis unter 1000 €	91	29,45
	1000 € bis unter 1500 €	32	10,36
	1500 € bis unter 2000 €	25	8,09
	2000 € bis unter 3000 €	25	8,09
	3000 € bis unter 4000 €	9	2,91
	4000 € bis unter 5000 €	6	1,94
	5000 € und mehr	7	2,27
	Keine Angabe	24	7,77
Höchster Bildungsabschluss	Hochschul-, Fachhochschulabschluss	211	68,28
	Abitur, Hochschulreife	63	20, 39
	Fachabitur, Fachhochschulreife	6	1,94
	Abgeschlossene Lehre	10	3,24
	Mittlere Reife, Realschul- oder gleichwertiger Abschluss	2	0,65
	Volks-, Hauptschulabschluss	0	0,00
	Noch Schüler	8	2,59
	Schule beendet ohne Abschluss	0	0,00
	Anderer Abschluss	9	2,91
Beruf	Schüler/in	13	4,21
	Auszubildende/r	2	0,65
	Student/in	213	68,93
	Angestellte/r	59	19,09
	Selbstständig	11	3,56
	Arbeitslos, Arbeitssuchend	3	0,97
	Sonstiges	8	2,59
Teilnehmer der Verlosung	Weiblich	67	63,81
	Männlich	38	36,19

Tabelle 4: Soziodemographische Merkmale der Stichprobe

4.2 Erhebung der Daten und Auswahl des Verfahrens

4.2.1 Überprüfung der Modellzusammenhänge mit Hilfe von PLS

Grundsätzlich liegen zur Schätzung von Strukturgleichungsmodellen komplexe mathematische Verfahren unterschiedlicher Art vor.[248] Neben der Anwendung kovarianzbasierter Verfahren, besteht die Möglichkeit, varianzbasierte Verfahren heranzuziehen. Kovarianz Strukturanalysen (z. B. LISREL) schätzen die Parameter des Modells, indem sie die empirische Kovarianzmatrix der Indikatoren bestmöglich reproduzieren.[249] Zu diesem Zweck stehen verschiedene Algorithmen wie bspw. der Maximum Likelihood, der Generalized Least Squares, der Weighted Least Squares und der Unweighted Least Squares Algorithmus zur Verfügung. Demgegenüber handelt es sich bei PLS (Partial Least Squares) um ein varianzbasiertes Verfahren, das aus einzelnen regressionsanalytischen Komponenten eine Schätzung für das gesamte Modell generiert. Die PLS-Schätzung verfolgt das Ziel, die Streuung der Fehlerterme aller abhängigen Variablen zu minimieren.[250]

Die Anwendung dieser Methodik erfreut sich in der Forschung großer Beliebtheit. Die Autoren *Henseler*, *Ringle* und *Sinkovics* heben in ihrer Studie, die sich auf die Anwendung von PLS in der Marketingforschung bezieht, zahlreiche Vorteile des Verfahrens hervor. Ein erster Mehrwert ist durch die Möglichkeit gegeben, umfangreiche Modelle bereits mit kleinen Stichproben schätzen zu können. Laut den Forschern ist PLS ferner für die Untersuchung komplexer Modelle mit zahlreichen latenten Konstrukten geeignet.[251] Des Weiteren können mit der varianzbasierten Methode reflektive sowie formative Strukturen berücksichtigt werden. Vorteilhaft erscheint darüber hinaus, dass bei einem nicht parametrischen Verfahren wie PLS, für die Eingangsdaten keine Normalverteilung vorausgesetzt wird.[252] Daher existiert für PLS die Bezeichnung „Soft Modeling“. Im Gegensatz dazu setzen kovarianzbasierte Verfahren eine multivariate Normalverteilung voraus.[253] Bei der Auswahl eines geeigneten Analyseverfahrens ist das angestrebte Ziel im Auge zu behalten.[254] In der vorliegenden Studie wird die Reputationswirkung anhand einer vergleichsweise geringen Stichprobe untersucht. Dennoch ist es von hoher

[248] Vgl. Vollhardt (2007), S. 123.
[249] Vgl. Huber/Meyer/Nachtigall (2009), S. 54.
[250] Vgl. Huber et al. (2008), S. 6.
[251] Vgl. Henseler/Ringle/Sinkovics (2009), S. 283.
[252] Vgl. Huber et al. (2008), S. 11.
[253] Vgl. Panten/Thies (2006), S. 318.
[254] Vgl. Huber et al. (2009), S. 86.

Relevanz in Hinblick auf die Studienergebnisse, Reaktionen der Zielkonstrukte möglichst genau zu erfassen. Die genannten Eigenschaften des PLS-Algorithmus in Verbindung mit der zu untersuchenden Studie sprechen zusammenfassend für dessen Verwendung.

4.2.2 Gütekriterien zur Modellbeurteilung

Die Evaluation der Güte einer Modellschätzung stellt eine wesentliche Herausforderung der Kausalanalyse dar. In diesem Kontext erfolgt eine Differenzierung zwischen Gütekriterien zur Beurteilung des Mess- und des Strukturmodells. Das Messmodell bildet die Beziehung zwischen den Indikatoren und der latenten Variable ab, während das Strukturmodell die Abhängigkeiten der latenten Variable darstellt. Auf Messmodellebene erfolgt weiterhin eine Unterscheidung zwischen reflektiven und formativen Indikatoren, wobei sich die Gütekriterien hier deutlich unterscheiden.[255] Im reflektiven Messmodell wird das latente Konstrukt als Funktion seiner beobachtbaren Indikatoren modelliert. Aus diesem Grund verlaufen in der nachfolgenden *Abbildung 5* die Pfeilspitzen vom Konstrukt auf die einzelnen Indikatoren. Dabei bezeichnet χ_i den Indikator i, λ_i repräsentiert die Gewichtung und ε_i den Messfehler. Spezifisches Kriterium reflektiver Messmodelle ist die Interpretation latenter Konstrukte als Ursache beobachtbarer Indikatoren. Aufgrund dieser Kausalitätsannahme wird eine Veränderung des Konstrukts durch eine Veränderung in allen Indikatoren reflektiert.[256] Es kann von einer hohen Korrelation zwischen den Indikatoren ausgegangen werden, da sie dasselbe Konstrukt messen.[257]

Indikatoren, die nur schwach mit den anderen Indikatoren korrelieren sind demnach zur Messung des Konstrukts nicht geeignet und müssen entfernt werden. Bei einer fehlerfreien Messung des latenten Konstrukts würde der Korrelationskoeffizient aller Indikatoren den Wert 1 verzeichnen.[258] Die reflektive Messung stellt den bei weitem am häufigsten verwendeten Ansatz innerhalb der Marketingforschung dar.[259]

[255] Vgl. Huber et al. (2009), S. 87.
[256] Vgl. Christophersen/Grape (2006), S. 116.
[257] Vgl. Huber/Weihrauch/Weindel (2008), S. 44.
[258] Vgl. Kirstein (2009), S. 143.
[259] Vgl. Diamantopoulos (1999), S. 446.

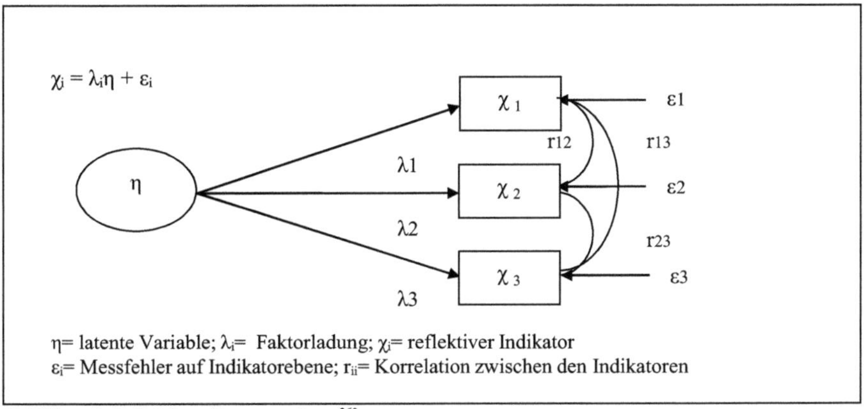

Abbildung 5: Reflektiver Zusammenhang[260]

Beim formativen Messmodell wird das latente Konstrukt im Gegensatz zum reflektiven Messmodell als eine gewichtete Zusammensetzung seiner Indikatoren betrachtet. Dieser Ansatz geht auf *Curtis* und *Jackson* zurück, die in ihren Studien zuweilen keine oder negative Korrelation der Indikatoren beobachteten auch wenn sie das gleiche Konstrukt maßen.[261] *Abbildung 6* zeigt diesen Zusammenhang durch die in Richtung der latenten Variable laufenden Pfeilspitzen. Somit besteht im Vergleich zum reflektiven Modell eine gegensätzliche Kausalität. Das spezifische Charakteristikum formativer Modelle besteht folglich aus der Definition der Indikatoren als Ursache des latenten Konstrukts. Daraus folgt, dass durch die Variation einer oder mehrerer Indikatoren eine Veränderung des Konstrukts hervorgerufen wird.[262] Dies bedeutet auch, dass eine Veränderung der latenten Variable nicht zwangsläufig mit einer Änderung aller Indikatoren einhergeht.[263] Eine Reduktion der formativen Indikatoren ist somit ohne Verlust der Aussagekraft des formativen Konstrukts nicht möglich.[264]

Die Gütebeurteilung im reflektiven Messmodell bezieht sich insbesondere auf die Höhe der Ladung einzelner Indikatoren sowie deren Signifikanz.[265] Eine grundlegende Anforderung an die Ladungen der Indikatoren besagt, dass mehr als 50 % der Varianz eines Indikators auf die

[260] Eigene Abbildung in Anlehnung an Christophersen/Grape (2006), S. 116.
[261] Vgl. Diamantopoulos/Riefler/Roth (2008), S. 1205.
[262] Vgl. Christophersen/Grape (2006), S. 117.
[263] Vgl. Diamantopoulos (1999), S. 447.
[264] Vgl. Huber/Hamprecht/Heise (2012), S. 60.
[265] Vgl. Huber/Regier/Rinino (2008), S. 57.

latente Variable zurückzuführen sein sollte. Allerdings sind die Faktorladungen, laut *Huber et al.*, stets im Zusammenhang mit den Konvergenzkriterien zu beurteilen. Zur Einschätzung der Signifikanz der Indikatoren dienen t-Werte, die sich mit Hilfe der PLS-Software bestimmen lassen.

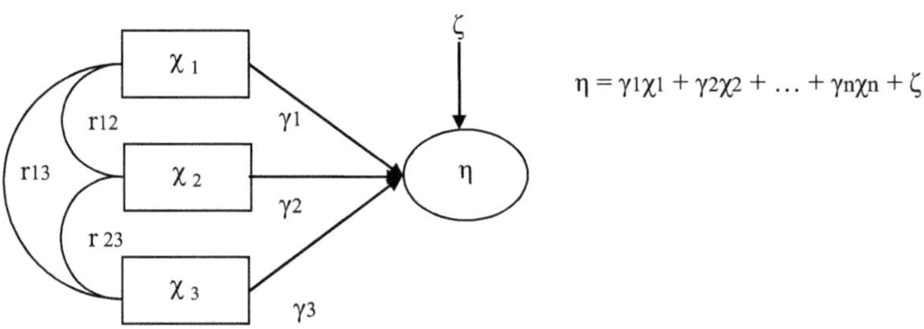

η= latente Variable; γ_i= Gewicht; χ_i= Indikator
ζ_i= Messfehler auf Ebene der latenten Variable; r_{ii}= Korrelation zwischen den Indikatoren

Abbildung 6: Formativer Zusammenhang[266]

Die t-Werte sollten bei einem einseitigen Test Werte von >1,66 annehmen, um gemäß einer Irrtumswahrscheinlichkeit von 5% signifikant zu sein.[267] Ferner ist zu prüfen, ob die Faktorladungen Plausibilität aufweisen. Zur Beurteilung der Diskriminanzvalidität sind die Konstruktreliabilität, das Fornell-Larcker-Kriterium und die durchschnittlich erfasste Varianz (DEV) geeignet.

Das Fornell-Larcker-Kriterium setzt dabei den, durch die latente Variable hervorgerufenen, Varianzanteil der Indikatoren in das Verhältnis zu dem Anteil, welcher dem Messfehler zuzuordnen ist. Folglich sollte das Maß einen Wert von 0,5 überschreiten, da dies impliziert, dass mehr als 50% der Streuung erklärt werden.[268] Zur Überprüfung der Vorhersagevalidität, ist das Q^2 von Stone-Geißer zu bestimmen. Das Kriterium wird als gegeben angesehen, wenn das ermittelte Q^2 einen Wert von größer als Null aufweist.[269] Die Faktorenanalyse gewährt Aufschluss über die Unidimensionalität der Operationalisierung. Ist die Unidimensionalität gegeben, lassen

[266] Eigene Abbildung in Anlehnung an Christophersen/Grape (2006), S. 118.
[267] Vgl. Huber et al. (2008), S. 35.
[268] Vgl. Panten/Thies (2006), S. 323.
[269] Vgl. Huber/Regier/Rinino (2008), S. 58.

sich die Indikatoren eindeutig und überschneidungsfrei klassifizieren und einem Konstrukt zuordnen. Eine hohe Ladung der Indikatoren sollte folglich nur auf das zugehörige und nicht auf die übrigen Konstrukte vorliegen.[270] Aufgrund der gegensätzlichen Kausalität im formativen Messmodell können die Gütekriterien reflektiver Zusammenhänge nicht in gleicher Weise übertragen werden. Da die formativen Konstrukte nicht zwangsläufig miteinander korrelieren, ist eine Überprüfung auf Reliabilität der Indikatorrelation bei formativen Modellen nicht sinnvoll. Stattdessen sind Gewichte und die zugehörigen t-Werte von Bedeutung.[271] Die Eliminierung von Indikatoren aufgrund geringer Gewichte oder Signifikanzniveaus unterbleibt aus inhaltlichen Überlegungen, da die Konstrukte jeweils nur durch alle Indikatoren vollständig abgebildet werden können.[272]

Zur weiteren Gütebeurteilungen ist es möglich, die Multikollinearität zwischen den Indikatoren mithilfe des „Variance Inflation Factors" zu untersuchen, der einen Wert unter 5 annehmen sollte und sich durch die Formel $VIF = 1/(1-R^2)$ errechnen lässt.[273] Eine Kontrolle der Diskriminanzvalidität über das im reflektiven Modell verwendete Fornell-Larcker-Kriterium ist nicht möglich, da die Indikatoren nicht hoch interkorrelieren müssen. Stattdessen können formative Konstrukte als diskriminant valide angesehen werden, wenn die Korrelation zwischen den Konstruktwerten der latenten Variablen deutlich unter 0,9 liegt.[274] Außer den Signifikanzen der Schätzparameter lassen sich somit kaum Reliabilitätsaspekte finden, da sich die Güte der Messung im Gegensatz zum reflektiven Modell nicht daran festmachen lässt, wie gut ein Konstrukt durch seine Indikatoren repräsentiert wird. Daher ist der Fokus bei Kriterien formativer Operationalisierung auf Validitätsaspekte gesetzt.[275] Die kritischen Werte auf Messmodellebene sind in *Tabelle 5* dargestellt. Im Anschluss an die Analyse des Messmodells findet eine Überprüfung der vermuteten Beziehungen zwischen den einzelnen Konstrukten auf Strukturmodellebene statt. Die Hypothesenprüfung gibt Aufschluss über die Einflussstärke eines Konstrukts auf ein kausal nachfolgendes. Um die Güte dieser Strukturparameter beurteilen zu können, sind wiederrum die t-Werte des gewählten Signifikanzniveaus heranzuziehen.[276]

---

[270] Vgl. Vogel/Huber (2007), S. 87.
[271] Vgl. Huber/Regier/Schikofsky (2009), S. 55.
[272] Vgl. Fuchs (2009), S. 251.
[273] Vgl. Huber et al. (2009), S. 89.
[274] Vgl. Hoffmann (2009), S. 125.
[275] Vgl. Huber/Regier/Schikofsky (2009), S. 56.
[276] Vgl. Huber/Regier/Rinino (2008), S. 59.

Gütekriterien auf Messmodellebene		
Gütekriterium	**Reflektiv**	**Formativ**
Gewichte	Irrelevant	(keine Vorgabe)
Ladung	Größer 0,8	Irrelevant
t-Wert	Einseitig >1,66	Zweiseitig >1,98
Multikollinearität	(n. möglich)	Variance Inflation Factor <5
Vorhersagevalidität	Stone-Geißers Q^2 (Kommunalität) >0	(n. möglich)
Unidimensionalität	Höhe und Korrelation Residuen Kreuzladungen	(n. möglich)
Konvergenz DEV Konstruktreliablität	 >0,6 >0,7	 (n. möglich) (n. möglich)
Diskriminanz	Fornell-Larcker-Kriterium	Konstrukt-Korrelationen (<0,9)

Tabelle 5: Gütekriterien für Strukturgleichungsmodelle auf Messmodellebene[277]

Im Anschluss an die Analyse des Messmodells findet eine Überprüfung der vermuteten Beziehungen zwischen den einzelnen Konstrukten auf Strukturmodellebene statt. Die Hypothesenprüfung gibt Aufschluss über die Einflussstärke eines Konstrukts auf ein kausal nachfolgendes. Um die Güte dieser Strukturparameter beurteilen zu können, sind wiederrum die t-Werte des gewählten Signifikanzniveaus heranzuziehen.[278] Das Bestimmtheitsmaß R^2 zeigt auf, wie gut die Varianz einer Größe durch die kausal vorgelagerten Konstrukte erklärt wird und beschreibt somit die Güte der Anpassung einer Regressionsfunktion an die manifesten Variablen. Der Variance Inflation Factor (VIF) eignet sich zur Überprüfung des Multikollinearitätsgrades zwischen den Indikatoren.[279] Ein globales Gütemaß existiert aufgrund mangelnder Simultanität der Parameterschätzung nicht. Allerdings kann das Q^2 nach Stone-Geißer zur Bestimmung der Vor-

277 Eigene Tabelle in Anlehnung an Huber/Meyer/Vogel/Zimmermann (2008), S. 90.
278 Vgl. Huber/Regier/Rinino (2008), S. 59.
279 Vgl. Landgraf/Huber/Bartl (2006), S. 60 f.

hersagevalidität auch auf Strukturmodellebene herangezogen werden. Wie auf Messmodellebene sollte das Stone-Geißers Q^2 einen Wert von über Null annehmen.[280] *Tabelle 6* bietet einen Überblick der Gütekriterien auf Strukturmodellebene:

Gütekriterien auf Strukturmodellebene	
Strukturparameter	(Keine Vorgabe)
t-Wert	Zweiseitig >1,98 /einseitig >1,66
R^2	>0,25
Multikollinearität	Variance Inflation Factor < 5
Vorhersagevalidität (endogene, reflektive Konstrukte)	Stone-Geißers Q^2 (Redundanz) > 0

Tabelle 6: Gütekriterien für Strukturgleichungsmodelle auf Strukturmodellebene[281]

4.2.3 Berücksichtigung moderierender Effekte

Die bisherigen Erläuterungen zu Strukturgleichungsmodellen gehen von direkten Zusammenhängen zwischen latenten Variablen aus. Solch ein unmittelbarer Effekt besteht wenn eine Änderung der exogenen, eine Veränderung der endogenen Variable nach sich zieht. Neben dieser direkten kausalen Beziehung können zusätzliche Interaktionseffekte oder Moderationseffekte auftreten.[282] *Abbildung 7* verdeutlicht die Einflussnahme des Moderators.

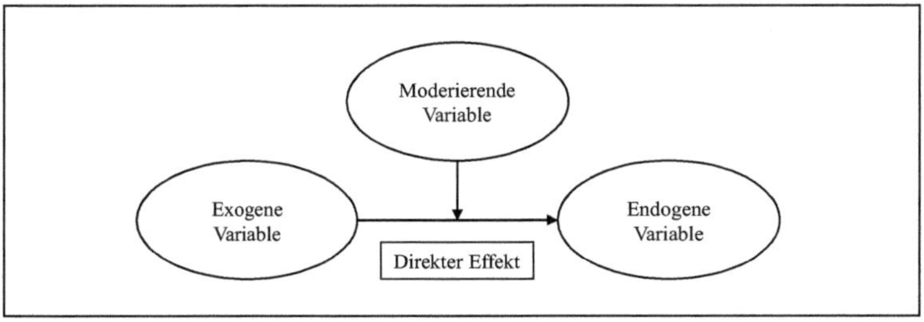

Abbildung 7: Schematische Darstellung eines Moderatoreffekts[283]

Hierbei beeinflussen moderierende Variablen als exogene Größen die Stärke der Beziehung zwischen den betroffenen Variablen.[284] Für das Modell der vorliegenden Studie wird unterstellt,

[280] Vgl. Huber et al. (2008), S. 43.
[281] Eigene Tabelle in Anlehnung an Huber et al. (2008), S. 91.
[282] Vgl. Ettinger (2010), S. 105 f.
[283] Eigene Abbildung nach Huber et al. (2013), S. 77.
[284] Vgl. Huber et al. (2013), S. 77.

dass sowohl das Modebewusstsein als auch der Fit zwischen dem Einkaufsumfeld und den Reputationskomponenten einen Einfluss auf die Modellzusammenhänge haben. Werden mehrere Parameter oder sogar das gesamte Kausalmodell von der moderierenden Variable beeinflusst, ist ein Gruppenvergleich bzw. eine Gruppenanalyse durchzuführen. Im Fall des vermuteten Einflusses von „Arousal“ auf die Beziehung zwischen „Pleasure“ und der „Antizipierten Zufriedenheit“ wird nur ein Wirkungszusammenhang beeinflusst. Somit kommt eine Kategorisierung des Konstrukts „Arousal“ als Interaktionsterm in Frage. [285] Bei dem Einfluss auf mehrere Beziehungen innerhalb des Modells hat sich der multiple Gruppenvergleich nach *Chin* bewährt. Ein für unterschiedliche Erhebungspopulationen geschätztes Modell wird hierfür auf Differenzen in den Schätzern untersucht.[286] Voraussetzung ist in diesem Kontext das Vorliegen von Modellinvarianz der Messmodelle.

Um Abweichungen der Modellschätzer beurteilen zu können, werden die mittels des Chin-Tests erhobenen t-Werte der Differenzen zwischen den jeweiligen Schätzern herangezogen.[287] Für einen signifikanten Unterschied bei einer Irrtumswahrscheinlichkeit von 5 Prozent (10 Prozent) liegt der kritische Wert der t-Verteilung (m+n-2 Freiheitsgrade) bei 1,98 (1,66). Für den genannten Test kommen allerdings nur solche Pfadkoeffizienten in Frage, die in beiden Teilstichproben einen signifikanten Einfluss ausüben.[288] Ein weiteres Kriterium besteht in der Akzeptanz oder Ablehnung von Hypothesen in den beiden Subsamples. Wird die Hypothese aufgrund eines ausreichenden t-Wertes in der einen Gruppe akzeptiert; in der anderen jedoch nicht, kann von einem signifikanten Unterschied zwischen den beiden Erhebungsgruppen bzgl. der betroffenen Hypothese ausgegangen werden.[289] Grundsätzlich ist die Gruppenanalyse sowohl für metrische als auch für kategoriale Variablen geeignet. Ein typisches Beispiel für einen kategorialen Moderator stellt das Geschlecht dar. Hierbei erfolgt die Gruppierung direkt anhand der Ausprägungen. Die Moderatoren des Modells der vorliegenden Studie sind metrische Variablen, die zunächst in kategoriale Variablen transformiert werden müssen, wodurch ein Informationsverlust zu erwarten ist.[290] *Abbildung 8* stellt die Formeln zur Berechnung der Schätzerdifferenzen übersichtlich dar.

[285] Vgl. Lalwani et al. (2010), S. 87.
[286] Vgl. Huber et al. (2009), S. 138.
[287] Vgl. Huber/Hamprecht/Heise (2012), S. 96.
[288] Vgl. Huber/ Meyer/Gluth (2012), S. 154.
[289] Vgl. Huber/Hamprecht/Heise (2012), S. 96.
[290] Vgl. Schäfer (2011), S. 131.

$$t = \left[\frac{p_x^1 - p_x^2}{S * \left(\sqrt{\frac{1}{m} - \frac{1}{n}} \right)} \right]$$

$$S = \sqrt{\frac{(m-1)^2}{(m+n-2)} * (\sigma(p_x^1))^2 + \frac{(n-1)^2}{(m+n-2)} * \left(\sigma(p_x^2)\right)^2}$$

m = Größe der ersten Stichprobe

n = Größe der zweiten Stichprobe

p_x^1; p_x^2 = Schätzer des Originalsamples bezüglich der interessierenden Modellassoziationen in den Teilstichproben

$\sigma(p_x^1)$; $\sigma(p_x^2)$ = Standardfehler des für das Modell generierten Bootstrap-Samples

Abbildung 8: Formeln zur Berechnung der Schätzerdifferenzen[291]

4.3 Operationalisierung der Modellkonstrukte

4.3.1 Vertrautheit mit der Marke

Wie bereits in Kapitel 4.1 erläutert ist zur Messung der Reputationswirkung eine Optimierung der Stichprobe notwendig. Als Basis dient der von *McKinsey* und *MCM* entwickelte Kauftrichter (engl. „Funnel"), der die Stärke der Marke im Kaufprozess abbildet. Dieser setzt sich aus den Stufen „Bekanntheit", „Vertrautheit", „Engere Auswahl", „Kauf" und „Loyalität" zusammen.[292] Für das Untersuchungsziel der Studie mussten die einzelnen Stufen angepasst werden. Zu diesem Zweck wurden die Indikatoren von dem durch *Huber et al.* verwendeten erweiterten Kauftrichter umformuliert und ergänzt. Der ursprüngliche Trichter diente der Aufdeckung einer kritischen Stufe, an welcher die Marke im Kaufprozess ihre (potentiellen) Kunden verliert.[293] Aufgrund der großen Bedeutung des Einkaufsumfeldes innerhalb der vorliegenden Studie wurden Abstufungen der Vertrautheit mit den Stores der Marke in die Fragen integriert. Klassischerweise bestehen Trichterfragen aus einem Set mehrerer Items, die den Probanden sukzessive an einen inhaltlichen Kern heranführen.[294]

Für die Befragung der vorliegenden Studie erschien es aber aufgrund zeitlicher Restriktionen sinnvoll, den Trichter in eine siebenstufige Skala umzuwandeln, auf der die Probanden selbst die aktuelle Stufe ihrer Vertrautheit mit der Marke auswählen konnten. Dazu wurden Sie in

[291] Eigene Abbildung in Anlehnung an Huber et al (2009), S. 92.
[292] Vgl. Nitschke (2006), S. 123.
[293] Vgl. Huber et al. (2009), S. 97.
[294] Vgl. Reinders (2011), S. 62.

einem Einleitungssatz gebeten. Damit Probanden die jeweils höchstmögliche Stufe wählten und die Trichterfunktion somit erhalten blieb, wurde eine aufsteigende grafische Verankerung in den Fragebogen integriert. *Tabelle 7* zeigt die sieben Indikatoren auf, wobei Stufe B101_01 und B101_07 die kritischen Stufen darstellen. Zur Optimierung der Stichprobe wurden Fragebögen, die diesen Kategorien zuordenbar waren, nach der Erhebung aussortiert.

Filterstufe	
B101_01	Von der Marke A&F habe ich noch nie gehört.
B101_02	Ich kenne die Marke A&F.
B101_03	Ich bin mit der Marke A&F vertraut.
B101_04	Ich habe Produkte der Marke A&F bereits in meine engere Auswahl einbezogen.
B101_05	Ich habe schon einmal ein Produkt der Marke A&F erworben, kenne aber die Stores der Marke nicht.
B101_06	Ich habe bereits ein Produkt der Marke in einem A&F Store erworben.
B101_07	Ich bin regelmäßig Kunde in den A&F Stores.

Tabelle 7: Filterfragen zur Messung der Vertrautheit mit der Marke

4.3.2 Funktionale Reputation

Als Grundlage der Operationalisierung des Konstrukts „Funktionale Reputation" dient eine der insgesamt sechs Kerndimensionen des Harris-Fombrun Reputationskoeffizienten (RQ). Der 1999 durch den Forscher *Fombrun* in Kooperation mit dem Marktforschungsunternehmen Harris Interactive entwickelte RQ sollte als standardisiertes Messkonzept Unternehmensreputation erfassbar machen.[295] Zur Messung der funktionalen Reputation in der vorliegenden Studie, erschien die Dimension „Product and Services" geeignet. Die Indikatoren „Stands behind products and services", „Offers high quality products and services" und „Offers products and services that are good value for money" wurden übersetzt und dem Studienhintergrund entsprechend leicht modifiziert. Durch feine Nuancen in der Formulierung der Aussagen bewegt sich die jeweilige Evaluation in Richtung der Wiedergabe einer kollektiven Auffassung.

Da die Bewertung im Rahmen des RQ bereits durch eine siebenstufige Likertskala erfolgte, war diesbezüglich keine Anpassung notwendig. Der Einzelindikator „Develops innovative products

[295] Seemann (2008), S. 61.

and services" erschien für das Untersuchungsobjekt „Abercrombie & Fitch" nicht passend und wurde daher vernachlässigt. Die nachfolgende *Tabelle* stellt die Indikatoren, ihre Ladungswerte auf das Konstrukt und die dazugehörigen t-Werte dar.

Indikator-name	**Item** Stimme gar nicht zu – Stimme voll und ganz zu	**Ladung**	**t-Wert**
FR_02	Produkte von Abercrombie & Fitch werden als qualitativ hochwertig wahrgenommen.	0,8332	21,1934
FR_01	Abercrombie & Fitch hat den Ruf, hinter seinen Produkten zu stehen.	0,7501	35,7328
FR_03	Die Preise von Abercrombie & Fitch werden für den Wert, den die Produkte darstellen, als angemessen wahrgenommen.	0,8471	46,5715

Tabelle 8: Operationalisierung des Konstrukts „Funktionale Reputation"

Wie aus *Tabelle 8* ersichtlich, liegen alle Faktorladungen der Indikatoren über dem erforderlichen Mindestwert von 0,7 und auch die einzelnen t-Werte befinden sich deutlich über dem kritischen Wert von 1,66. Die Überprüfung der Konvergenzkriterien zeigt, dass die durchschnittlich erfasste Varianz (DEV) mit 0,6582 und die Konstruktreliabilität mit 0,8521 die geforderten Mindestwerte von 0,6 bzw. 0,7 deutlich überschreiten.[296] Das Fornell-Larcker-Kriterium gilt für die funktionale Reputation als erfüllt, da alle quadrierten Korrelationen der Variable mit anderen latenten Konstrukten kleiner sind als der für die DEV errechnete Wert. Außerdem kann dem Konstrukt Vorhersagevalidität zugesprochen werden, da es ein Q^2 von 0,3192 aufweist. *Tabelle 9* zeigt eine Übersicht der genannten Ausprägungen.

Gütekriterien für reflektive Konstrukte	**Ausprägungen bei Funktionale Reputation**
Indikatorreliabilität	Erfüllt
Konvergenzkriterien: DEV> 0,8 (mind. > 0,6) Konstruktreliabilität > 0,7	 0,6582 0,8521
Diskriminanzvalidität: Fornell-Larcker-Kriterium (R^2<DEV)	 Erfüllt
Vorhersagevalidität Stone-Geißers $Q^2 > 0$	0,3192

Tabelle 9: Gütekriterien des Konstrukts „Funktionale Reputation"

[296] Vgl. Huber et al. (2011), S. 61.

4.3.3 Affektive Reputation

Auch für die Operationalisierung der affektiven Reputation diente der Harris-Fombrun RQ als Basis. Die Dimension „Emotional Appeal" mit den Einzelindikatoren „I have a good feeling about the company", „I admire and respect the company" und „I trust this company" wurden adäquat übersetzt und für den Forschungszweck leicht modifiziert, da sich die Indikatoren nach *Fombrun* stark an der persönlichen Meinung der Probanden orientieren.[297] Die Skala verfügte bereits über ein siebenstufiges Bewertungssystem, sodass die Struktur beibehalten werden konnte. Die sich durch die Prüfung der Indikatorreliabilität ergebenden Werte der Indikatorladungen und t-Werte sind in *Tabelle 10* zusammengefasst.

Indikator-name	**Item** Stimme gar nicht zu – Stimme voll und ganz zu	**Ladung**	**t-Wert**
ER_01	Abercrombie & Fitch wird als sympathisch angesehen.	0,9492	121,8931
ER_02	Die Marke Abercrombie & Fitch wird bewundert und respektiert.	0,9238	82,4906
ER_03	Abercrombie & Fitch hat den Ruf, vertrauenswürdig zu sein.	0,9262	90,8819

Tabelle 10: Items der Skala zur Messung des Konstrukts „Affektive Reputation"

Auch im Fall der affektiven Reputation konnte die Indikatorreliabilität bestätigt werden, da die Ladungen den Grenzwert von 0,7 deutlich überschreiten und alle Indikatoren das kritische Signifikanzniveau erreichen. Die Indikatorreliabilität ist damit gegeben. Die Überprüfung der DEV und der Konstruktreliabilität erbringt Werte von 0,8707 bzw. 0,9528. Die Anforderungen an die Konvergenzkriterien sind damit erfüllt.

Nach dem Vergleich der quadrierten Korrelationen der latenten Konstrukte mit der DEV kann auch das Fornell-Larcker-Kriterium bestätigt werden. Weiterhin bescheinigt eine Untersuchung der Kreuzladungen, dass diese kleiner ausfallen, als die Ladung der reflektiven Indikatoren auf das Konstrukt „Affektive Reputation". Die Vorhersagevalidität gilt durch ein Stone-Geißers Q^2 von 0,6919 als erwiesen. Im Folgenden zeigt *Tabelle 11* die Ergebnisse noch einmal übersichtlich auf.

[297] Seemann (2008), S. 64.

Gütekriterien für reflektive Konstrukte	**Ausprägungen bei Affektive Reputation**
Indikatorreliabilität	Erfüllt
Konvergenzkriterien: DEV> 0,8 (mind. > 0,6) Konstruktreliabilität > 0,7	 0,8707 0,9528
Diskriminanzvalidität: Fornell-Larcker-Kriterium (R^2<DEV)	 Erfüllt
Vorhersagevalidität Stone-Geißers $Q^2 > 0$	0,6919

Tabelle 11: Gütekriterien des Konstrukts „Affektive Reputation"

4.3.4 Einkaufsumfeld

Zur Operationalisierung des Konstrukts „Einkaufsumfeld" steht in der Literatur eine Vielzahl von Skalen zur Verfügung. Aufgrund der Integration emotionaler Faktoren in die Evaluation des „Store Environments" kam die von den Forschern *Sherman*, *Mathur* und *Smith* entwickelte Skala zur Anwendung. Diese wurde auf der Grundlage der Itembatterie, die 1977 von *Dickson* und *Albaum* erstellt wurde, kreiert und enthält vier Dimensionen, die eine möglichst umfassende Beschreibung des Einkaufsumfeldes ermöglichen sollen. Diese Faktoren sind „Ambience", „Social", „Overall Image" und „Design".[298] Die achtstufige Likertskala wurde in eine siebenstufige Likertskala umgewandelt, um den Probanden die Möglichkeit zu geben, eine inopportune Haltung anzunehmen.[299] Darüber hinaus war eine adäquate Übersetzung aus dem Englischen notwendig. Unter den Ambiente Faktoren wurde ein Item eliminiert, das darauf abzielte den Geruch innerhalb der Stores zu bewerten.

Da sich die Stichprobe auf Probanden konzentrierte, die über keine große Erfahrung mit dem Einkauf in den Läden verfügten, konnte eine Bewertung des Ladengeruchs nicht erwartet werden. Dies führte dazu, dass von den ursprünglich 20 Items nur 19 integriert wurden. Eine weitere Modifikation bestand in der Anpassung der Dimension „Social Factor". Da die Mitarbeiter, wie unter Kapitel 4.1.1 beschrieben, für das Unternehmen „Abercrombie & Fitch" eine herausragende Bedeutung haben, wurden alle sozialen Faktoren auf die Angestellten bezogen. In der ursprünglichen Skala verwies nur eines der vier Items „Courteous salespeople–discourteous salespeople" direkt auf die Mitarbeiter.

298 Vgl. Sherman/Mathur/Smith (1998), S. 368 f.
299 Vgl. Mayer (2008), S. 84.

Facetten		Dimension	Gewicht	t-Wert	Landung	t-Wert
A101_01	unmotiviert- engagiert	Soziale Faktoren MWSoz	0,1714	3,3992	0,7346	20,9584
A101_02	langweilig- belebend					
A101_03	depressiv - fröhlich					
A101_04	leidenschaftslos - dynamisch					
A102_01	klein - groß	Design MWSD	0,0378	0,7456	0,7878	21,5214
A102_02	beengt - geräumig					
A102_03	eintönig - farbenfroh					
A102_04	unattraktiv - attraktiv					
A102_05	dreckig - sauber					
A102_06	ungemütlich - gemütlich					
A102_07	unaufgeräumt - aufgeräumt					
A102_08	angehäufte Ware - gut präsentierte Ware					
A102_09	unbeeindruckende Inneneinrichtung - beeindruckende Inneneinrichtung					
A102_10	unorganisiert - organisiert					
A103_01	unangenehm- angenehm	Ambiente MWSA	0,4407	4,9759	0,907	33,7937
A103_02	angespannt - relaxed					
A103_03	dunkel - hell					
A104_01	schlecht - gut	Image MWSI	0,4845	6,1959	0,9177	46,0182
A104_02	negativ - positiv					

Tabelle 12: Items der Skala zur Messung des Konstrukts „Einkaufsumfeld"

Die Mittelwerte der vorgelagerten Indikatoren ergaben die Dimensionen „Mittelwert Store Sozial“ (MWSoz), „Mittelwert Store Design“ (MWSD), „Mittelwert Store Ambiente“ und „Mittelwert Store Image“ (MWSI). Die Operationalisierung über Mittelwerte ermöglichte eine gleichmäßige Berücksichtigung der Dimensionen. Die ungleiche Verteilung sowie das Vorhandensein formativer und reflektiver Zusammenhänge hätten sonst zu Schwierigkeiten bei der Überprüfung der Gütekriterien geführt. Für die Ermittlung der Indikatorsignifikanz sind in erster Linie die Indikatorgewichte zu untersuchen. Das Indikatorgewicht der Dimension „Design“ überschreitet den kritischen t-Wert von 1,98 (1,66) nicht. Hier ist eine weitergehende Überprüfung der Signifikanz der Indikatorladung notwendig. Die t-Werte, die sich aus der Prüfung der Faktorladungen ergeben, weisen alle Werte über dem kritischen Wert von 1,66 auf. Insofern lässt sich eine Beibehaltung aller formativen Indikatoren im Modell rechtfertigen. Zur Überprüfung der Diskriminanzvalidität gilt es, die Konstruktkorrelationen zu untersuchen. Die Korrelation des formativen Konstrukts mit den übrigen Modellkonstrukten liegt unter 0,9. Damit ist das Kriterium erfüllt.

Zur Untersuchung der Multikollinearität ist der Varianz Inflation Faktor heranzuziehen. Dazu müssen insgesamt vier Regressionsanalysen durchgeführt werden, bei der immer eine der Dimensionen als abhängige Variable (Regressand) dient, die durch die übrigen Indikatoren (Regressoren) erklärt wird. Die ermittelten Werte von 2,65 (MWSD), 2,89 (MWSA), 1,76 (MWSoz) und 2,21 (MDWSI) unterschreiten den kritischen Wert von 5 deutlich. Somit gilt das Kriterium für alle Indikatoren des formativen Konstrukts als erfüllt.

Gütekriterien für formative Konstrukte	**Ausprägungen bei Einkaufsumfeld**
Diskriminanzvalidität: Konstrukt-Korrelationen < 0,9	Erfüllt
Multikollinearität: Variance Inflation Factor < 5	Für alle Dimensionen erfüllt

Tabelle 13: Gütekriterien für das Konstrukt „Einkaufsumfeld“

4.3.5 Arousal

Zur Messung von Erregung als Teil der emotionalen Reaktion auf einen Umweltreiz eignet sich die von *Mehrabian* und *Russell* (1974) im Rahmen des PAD-Paradigmas entwickelte Skala für das Konstrukt „Arousal“. In ihrer Studie über die Wirkung von Einkaufsumfeldern verwendeten die Forscher *Sherman, Mathur* und *Smith* (1999) eine modifizierte Form der Itembatterie, die über fünf gegensätzliche Eigenschaftspaare verfügt.[300]

Die ursprünglich achtstufige Skala wurde für die vorliegende Studie in eine siebenstufige Likertskala umgewandelt und die Items adäquat übersetzt. Die Ergebnisse der Überprüfung der Indikatorreliabilität sind in der nachfolgenden *Tabelle 14* dargestellt.

[300] Vgl. Sherman/Mathur/Smith (1998), S. 138.

Indikator-name	Item	Ladung	t-Wert
AR_01	träge - hektisch	0,7574	21,8017
AR_02	relaxed - stimuliert	0,8482	43,0448
AR_03	ruhig - aufgeregt	0,8498	37,3193
AR_04	schwerfällig - unruhig	0,8202	24,3259
AR_05	gleichgültig - aufgeweckt	0,8183	49,7489

Tabelle 14: Operationalisierung des Konstrukts „Arousal"

Die Überprüfung der Indikatorreliabilität ergibt für alle Indikatoren Ladungswerte von über 0,7 und t-Werte, die den geforderten Wert von 1,66 überschreiten. Das Kriterium gilt somit als erfüllt und eine Elimination von Indikatoren ist nicht notwendig.

Die Werte der Konvergenzkriterien liegen mit einer DEV von 0,6715 und der Konstruktreliabilität von 0,9107 über den geforderten Mindestangaben. Eine Überprüfung des Fornell-Larcker-Kriteriums und der Kreuzladungen erfüllt die Voraussetzungen der Diskriminanzvalidität. Die Vorhersagevalidität ist durch ein Stone-Geißers Q^2 von 0,5013 zu bestätigen. Alle Ausprägungen für das Konstrukt „Arousal" sind in *Tabelle 15* dargestellt.

Gütekriterien für reflektive Konstrukte	Ausprägungen bei Arousal
Indikatorreliabilität	Erfüllt
Konvergenzkriterien: DEV> 0,8 (mind. > 0,6) Konstruktreliabilität > 0,7	 0,6715 0,9107
Diskriminanzvalidität: Fornell-Larcker-Kriterium (R^2<DEV)	 Erfüllt
Vorhersagevalidität Stone-Geißers $Q^2 > 0$	0,5013

Tabelle 15: Gütekriterien des Konstrukts „Arousal"

4.3.6 Pleasure

Um das empfundene Vergnügen als Bestandteil des emotionalen Markenerlebens zu erfassen wurde analog zu dem Konstrukt „Arousal" das PAD-Paradigma nach *Mehrabian* und *Russell* (1974) herangezogen und die Skala zur Messung von „Pleasure" verwendetet. Die von *Sherman, Mathur* und *Smith* modifizierte Itembatterie lieferte vier gegensätzliche Eigenschaftspaare zur Bewertung der eigenen Gemütslage.

Eine geeignete Übersetzung der Items „satisfied-unsatisfied", „pleased–annoyed", „contented–melancholic", „despairing–hopeful" und die Umwandlung der achtstufigen Skala in eine siebenstufige Likertskala passte die Items an die Anforderungen der vorliegenden Studie an.[301] *Tabelle 16* stellt die Ergebnisse zu der Überprüfung der Indikatorladungen und deren Signifikanzprüfung bereit.

Indikator-name	**Item**	**Ladung**	**t-Wert**
Pl_01	unglücklich - glücklich	0,9586	156,7631
Pl_02	genervt - erfreut	0,9455	177,7158
Pl_03	betrübt - froh	0,9675	223,323
Pl_04	verzweifelt - hoffnungsvoll	0,9375	99,4451

Tabelle 16: Operationalisierung des Konstrukts „Pleasure"

Auch im Rahmen der Überprüfung der Indikatorreliabilität des Konstrukts „Pleasure" ist eine Elimination von Indikatoren nicht notwendig. Alle Indikatorladungen und t-Werte überschreiten, wie aus *Tabelle 16* ersichtlich, die erforderlichen Werte deutlich. Des Weiteren gelten die Kriterien der Konvergenz durch eine DEV von 0,9069 und eine Konstruktreliabilität, die 0,7 deutlich überschreitet, als erfüllt. Eine Überprüfung der Kreuzladungen und des Fornell-Larcker-Kriteriums bestätigt die Diskriminanzvalidität des Konstrukts. Die Vorhersagevalidität kann schließlich durch ein Stone-Geißers Q^2 von 0,898 bescheinigt werden. Alle genannten Werte können *Tabelle 17* entnommen werden.

Gütekriterien für reflektive Konstrukte	**Ausprägungen bei Pleasure**
Indikatorreliabilität	Erfüllt
Konvergenzkriterien: DEV> 0,8 (mind. > 0,6) Konstruktreliabilität > 0,7	 0,9069 0,975
Diskriminanzvalidität: Fornell-Larcker-Kriterium (R^2<DEV)	 Erfüllt
Vorhersagevalidität Stone-Geißers $Q^2 > 0$	0,898

Tabelle 17: Gütekriterien des Konstrukts „Pleasure"

301 Vgl. Sherman/Mathur/Smith (1998), S. 139.

4.3.7 Antizipierte Zufriedenheit

Zur Operationalisierung der antizipierten Zufriedenheit wurden die Skalen von *Zeelenberg* und *Pieters* (2004) zur Messung von Dissatisfaction und Disappointment zusammengefasst und in eine positive Skala transformiert. Auf diese Weise war es möglich, Erwartungen und Bedauern mit in die Erhebung von Zufriedenheit zu integrieren. Die Indikatoren „How much disappointment did you feel about the delivery of the service?“, „To what extent was the delivery of the service worse than you expected before?“ und „Overall how dissatisfied were you with the delivery of the service?“ wurden zunächst in Aussagen transformiert.[302]

Es folgte eine Anpassung der Formulierung an den Forschungszweck der Studie. Da die Bewertung der Fragen bereits in sieben Abstufungen erfolgte, konnte die Anzahl der Stufen für die Likertskala übernommen werden. Die Ergebnisse der Reliabilitätsprüfung der Indikatoren sind in *Tabelle 18* dargestellt.

Indikatorname	**Item** Stimme gar nicht zu – Stimme voll und ganz zu	**Ladung**	**t-Wert**
SAT_01	Mit meiner Entscheidung für ein Produkt der Marke Abercrombie & Fitch wäre ich zufrieden.	O,9678	181,4134
SAT_02	Ich würde den Erwerb der Marke Abercrombie & Fitch nicht bedauern.	0,9402	60,1529
SAT_03	Die Marke Abercrombie & Fitch würde meine Erwartungen erfüllen.	0,9386	90,5496

Tabelle 18: Operationalisierung des Konstrukts „Antizipierte Zufriedenheit“

Für das Konstrukt „Antizipierte Zufriedenheit“ gelten die Kriterien der Indikatorreliabilität durch entsprechend hohe Faktorladungen und t-Werte als erfüllt. Die Konvergenzkriterien der DEV und der Konstruktreliabilität erreichen mit den Werten 0,9005 bzw. 0,9645 die geforderten Mindestmaße. Auch hinsichtlich der Diskriminanzvalidität kann durch das Fornell-Larcker-Kriterium und die Kreuzladungen ein positives Ergebnis vermerkt werden. Eine geeignete Vorhersagevalidität gilt durch ein Stone-Geißers Q^2 von 0,9846 als ermittelt. *Tabelle 19* stellt die Ausprägungen der Gütekriterien für das Konstrukt dar.

[302] Vgl. Zeelenberg/Pieters (2004), S. 451.

Gütekriterien für reflektive Konstrukte	Ausprägungen bei Antizipierte Zufriedenheit
Indikatorreliabilität	Erfüllt
Konvergenzkriterien: DEV> 0,8 (mind. > 0,6) Konstruktreliabilität > 0,7	 0,9005 0,9645
Diskriminanzvalidität: Fornell-Larcker-Kriterium (R^2<DEV)	 Erfüllt
Vorhersagevalidität Stone-Geißers $Q^2 > 0$	0,8946

Tabelle 19: Gütekriterien des Konstrukts „Antizipierte Zufriedenheit"

4.3.8 Kaufabsicht Marke

Zur Operationalisierung von Kaufabsicht hat sich die Skala von *MacKenzie, Lutz* und *Belch* bewährt. Sie bedient sich zur Evaluation der Verhaltensintention der drei semantischen Differenziale „likely/unlikely", „probable/unprobable" und „possible/impossible".[303] Um die Skala an die Anforderungen der vorliegenden Arbeit anzugleichen, wurde sie in eine siebenstufige Likertskala umgewandelt und übersetzt. Das gegensätzliche Eigenschaftspaar „possible/impossible" wurde als invers formuliertes Item integriert. Die zur Ermittlung der Indikatorreliabilität erforderlichen Werte der Faktorladungen und t-Werte der Indikatoren ergeben die in *Tabelle 20* dargestellten Ergebnisse.

Indikatorname	Item Stimme gar nicht zu – Stimme voll und ganz zu	Ladung	t-Wert
Kau_01	Dass ich mir ein Produkt der Marke Abercrombie & Fitch kaufe, halte ich für sehr wahrscheinlich	0,9783	387,943
Kau_02	Voraussichtlich werde ich mir ein Produkt der Marke Abercrombie & Fitch kaufen	0,9709	274,9382
Kau_03R	Ein Produkt der Marke Abercrombie & Fitch zu kaufen, ist für mich ausgeschlossen.	0,9209	75,4384

Tabelle 20: Operationalisierung des Konstrukts „Kaufabsicht Marke"

Wie aus *Tabelle 20* ersichtlich, unterschreitet keine der Indikatorladungen und t-Werte die geforderten Mindestangaben. Nach der Prüfung der Konvergenzkriterien ergeben sich Werte von 0,9159 für die DEV und 0,9703 für die Konstruktreliabilität. Die Konvergenzkriterien gelten somit als bestätigt. Nachdem das Fornell-Larcker-Kriterium positive Ergebnisse aufweist und auch die Kreuzladungen untersucht wurden, lässt sich für das reflektive Konstrukt Diskriminanzvalidität bestätigen. Ein Stone-Geißers Q^2 von 0,7739 zeigt darüber hinaus Vorhersagevalidität auf.

[303] Vgl. MacKenzie/Lutz/Belch (1986), S. 134 f.

Gütekriterien für reflektive Konstrukte	Ausprägungen bei Kaufabsicht Marke
Indikatorreliabilität	Erfüllt
Konvergenz: DEV> 0,8 (mind. > 0,6) Konstruktreliabilität > 0,7	 0,9159 0,9703
Diskriminanzvalidität: Fornell-Larcker-Kriterium (R^2<DEV)	 Erfüllt
Vorhersagevalidität Stone-Geißers $Q^2 > 0$	0,7739

Tabelle 21: Gütekriterien des Konstrukts „Kaufabsicht Marke“

4.3.9 Loyalität gegenüber der Marke

Um das Konstrukt „Loyalität gegenüber der Marke“ zu erfassen, wurde die Skala von *Yoo* und *Donthu* im Rahmen der Untersuchung des Markenwertes herangezogen. Sie beinhaltet die Items „I consider myself to be loyal to X“, „X would be my first choice“ und „I will not buy other brands if X is available at the store“.[304] Die Skala eignet sich im Speziellen für den Forschungszweck der Studie, da sie ihr Loyalitätsverständnis eher auf Commitmentfaktoren, als auf die Wiederkaufsabsicht stützt. Der eigentliche Vorgang des Kaufs wurde durch viele Probanden innerhalb der Zielgruppe, wie zuvor betont, noch nicht vollzogen. Nach der Transformation der zehnstufigen in eine siebenstufige Likertskala und einer geeigneten Übersetzung ergaben sich die folgenden Items.

Indikator-name	**Item** Stimme gar nicht zu – Stimme voll und ganz zu	**Ladung**	**t-Wert**
Loy_01	Ich könnte mir vorstellen, mich der Marke Abercrombie & Fitch gegenüber loyal zu verhalten.	0,9212	96,929
Loy_02	Die Marke Abercrombie & Fitch wäre für legere Kleidung meine bevorzugte Wahl.	0,9391	110,6735
Loy_03	Ich würde Produkte der Marke Abercrombie & Fitch, Kleidung ähnlichen Stils anderer Hersteller vorziehen.	0,8283	27,836

Tabelle 22: Operationalisierung des Konstrukts „Loyalität“

Auch im Fall des Konstrukts „Loyalität“ beginnt die Überprüfung der Gütekriterien auf Messmodellebene mit der Untersuchung der Indikatorreliabilität. Nachdem die geforderten Werte der Indikatorladungen und t-Werte bei Weitem überschritten wurden, folgte eine Prüfung der Konvergenzkriterien. Durch eine DEV von 0,8056 und einen Konstruktreliabilitätswert von 0,9253 kann für das Konstrukt „Loyalität“ Konvergenz bescheinigt werden. Eine Untersuchung der Kreuzladungen und des Fornell-Larcker-Kriteriums weist daraufhin Diskriminanzvalidität

[304] Vgl. Yoo/Donthu (2001), S. 14.

nach. Schließlich bescheinigt ein Stone-Geißers Q^2 von 0,5851 geeignete Vorhersagevalidiät. *Tabelle 23* stellt eine Übersicht der genannten Ausprägungen bereit.

Gütekriterien für reflektive Konstrukte	**Ausprägungen bei Loyalität**
Indikatorreliabilität	Erfüllt
Konvergenz: DEV> 0,8 (mind. > 0,6) Konstruktreliabilität > 0,7	 0,8056 0,9253
Diskriminanzvalidität: Fornell-Larcker-Kriterium (R^2<DEV)	 Erfüllt
Vorhersagevalidität Stone-Geißers Q2 > 0	0,5851

Tabelle 23: Gütekriterien des Konstrukts „Loyalität"

4.3.10 Word of Mouth

Schließlich wurde zur Messung des Konstrukts „Word of Mouth" die Skala von *Maxham* und *Netemeyer* (2002) herangezogen. Diese verfügt mit den Items „I'm likely to say good things about the store", „I would recommend this store to my family and friends" und „I would recommend this store to others" über eine positive Tonalität.[305] Die siebenstufigen Skalen mussten nur noch adäquat übersetzt und leicht angepasst werden. Die Ergebnisse des ersten Teils der Güteprüfung auf Messmodellebene sind der nachfolgenden *Tabelle* zu entnehmen.

Indikator-name	**Item** Stimme gar nicht zu – Stimme voll und ganz zu	**Ladung**	**t-Wert**
WOM_01	Ich würde die Marke Abercrombie & Fitch jemandem empfehlen, der meinen Rat sucht.	O,9781	271,545
WOM_02	Ich würde positive Dinge über die Marke Abercrombie & Fitch sagen.	0,9722	232,4278
WOM_03	Ich würde die Marke Abercrombie & Fitch anderen empfehlen.	0,9664	81,8063

Tabelle 24: Items der Skala zur Messung des Konstrukts „Word of Mouth"

Nachdem für das Konstrukt durch geeignete Faktorladungen und t-Werte, die den Grenzwert von 1,66 deutlich überschritten, Indikatorreliabilität bescheinigt werden konnte, zeigten sich auch die Konvergenzkriterien als erfüllt. Werte von 0,9452 für die DEV und 0,981 für die Konstruktreliabilität übertrafen die Mindestanforderungen bei Weitem. Untersuchungen der Kreuzladungen und des Fornell-Larcker-Kriteriums weisen Diskriminanzvalidität für das reflektive Konstrukt nach. Die Vorhersagevalidität gilt durch ein entsprechend hohes Stone-Geißers Q^2 von 0,939 als erwiesen. *Tabelle 25* stellt eine Übersicht der genannten Größen bereit.

[305] Vgl. Jones/Reynolds/Arnold (2006), S. 980.

Gütekriterien für reflektive Konstrukte	**Ausprägungen bei Word of Mouth**
Indikatorreliabilität	Erfüllt
Konvergenz: DEV> 0,8 (mind. > 0,6) Konstruktreliabilität > 0,7	 0,9452 0,981
Diskriminanzvalidität: Fornell-Larcker-Kriterium (R^2<DEV)	 Erfüllt
Vorhersagevalidität Stone-Geißers $Q^2 > 0$	0,939

Tabelle 25: Gütekriterien des Konstrukts „Word of Mouth“

4.3.11 Moderationsvariable Fit zwischen affektiver Markenreputation und Einkaufsumfeld

Zur Messung des wahrgenommenen „Fits“ werden in der Literatur unterschiedliche Messansätze herangezogen. Die meisten Skalen, wie die von *Aaker* und *Keller,* beinhalten jedoch einen starken Bezug auf die Produktebene.[306] Ein umfassender Vergleich zwischen Reputation und Einkaufsumfeld wird somit erschwert. Auch die von *DelVecchio* konstruierte Skala fokussiert, für den Untersuchungszweck der vorliegenden Studie, die Produktkategorie zu stark.[307] Letztendlich erscheint die siebenstufige Skala in Anlehnung an die Studie von *Bridges, Keller* und *Sood* bestmöglich auf das zu untersuchende Modell übertragbar.[308]

Zur Überprüfung der Reliabilität der manifesten Indikatoren des latenten Konstrukts eignet sich die Berechnung des Cronbach's Alpha Wertes. Dieser kann Größen von 0 bis 1 annehmen. Die Ermittlung der vorliegenden Studie ergab einen Wert von 0,955. Während für erprobte Skalen meist ein Wert von 0,7 erwartet wird, gilt für neu entwickelte Skalen 0,6 als akzeptabel. Dem Konstrukt kann folglich Reliabilität bescheinigt werden. Allerdings sei in diesem Zusammenhang anzumerken, dass die Aussagekraft des Cronbach's Alpha eingeschränkt ist, da sich die jeweiligen Werte in hohem Maße von der Quantität der Indikatoren beeinflussen lassen.[309] Nach der Modifikation und Übersetzung wurde die Skala wie in *Tabelle 26* dargestellt eingesetzt.

[306] Vgl. Aaker/Keller (1990), S. 38.
[307] Vgl. DelVecchio (2000), S. 464.
[308] Vgl. Bridges/Keller/Sood (2000), S. 5.
[309] Vgl. Linder (2010), S. 204.

Indikator-name	Item Stimme gar nicht zu – Stimme voll und ganz zu **Cronbach's Alpha 0,955**
FITEmo_01	Die emotionale Reputation der Marke (Ruf, der durch die transportierten Werte und Emotionen entsteht) und das Konzept des Stores sind konsistent zueinander.
FITEmo_02	Es ist eindeutig, dass Storekonzept und die emotionale Reputation der Marke miteinander in Verbindung stehen.
FitEmo_03	Storekonzept und emotionale Reputation der Marke passen zueinander.

Tabelle 26: Items der Skala zur Messung des Konstrukts „Fit zwischen affektiver Markenreputation und Einkaufsumfeld"

4.3.12 Moderationsvariable Fit zwischen funktionaler Markenreputation und Einkaufsumfeld

Auch für die Messung der Moderationsvariable „Fit zwischen funktionaler Markenreputation und Einkaufsumfeld" war es notwendig, eine „Fit-Konzeption" zu nutzen, die auch Vergleiche von Faktoren zulässt, die nicht tangibel sind. Somit eignete sich auch für dieses Konstrukt die Skala von *Bridges*, *Keller* und *Sood.* Bei der Reliabilitätsüberprüfung zeigte sich eine kleine Abweichung im Vergleich zu dem Fit zwischen affektiver Markenreputation und dem Einkaufsumfeld. Der Wert von 0,937 überschreitet den Richtwert von 0,7 jedoch ebenfalls deutlich. Den Indikatoren des Konstrukts kann somit Reliabilität bescheinigt werden. Die Items kamen in übersetzter und angepasster Weise, wie in *Tabelle 27* dargestellt, zur Anwendung.

Indikatorname	Item Stimme gar nicht zu – Stimme voll und ganz zu **Cronbach's Alpha 0,937**
FitFu_01	Die funktionale Reputation der Marke (Ruf, der durch die Produkte/Qualität entsteht) und das Konzept des Stores sind konsistent zueinander.
FitFu_02	Es ist eindeutig, dass Storekonzept und die funktionale Reputation der Marke miteinander in Verbindung stehen.
FitFu_30	Storekonzept und funktionale Reputation der Marke passen zueinander.

Tabelle 27: Items der Skala zur Messung des Konstrukts „Fit zwischen funktionaler Markenreputation und Einkaufsumfeld"

4.3.13 Moderationsvariable Fashion Consciousness

Die Ermittlung von „Fashion Consciousness" erfolgt in der wissenschaftlichen Literatur auf unterschiedliche Weise. Einige Skalen, wie die in der Studie von *Seock* und *Chen-Yu* (2007), setzen die Marke mit in den Fokus des Interesses an Mode.[310] Andere integrieren den „Novelty Faktor", der für neue Produkte und den „Up-to-Date Charakter" der Kleidung steht.[311] Für die

[310] Vgl. Seock/Chen-Yu (2007), S. 207.
[311] Vgl. Bao/ Zheng Zhou/Su (2003), S. 747.

vorliegende Studie war es jedoch von Nutzen, das Modebewusstsein in umfassender, allgemeiner Form abzufragen. Die Operationalisierung der Moderationsvariable „Fashion Consciousness" erfolgt zu diesem Zweck analog dem Vorgehen von *Huber et al.*. Die Forscher verwendeten in ihrer Studie zur Untersuchung des Einkaufserlebnisses durch Lifestyle und Atmosphäre eine Skala von *Warrington* und *Shin* (2000).[312] Die Überprüfung der Reliabilität ergab ein Cronbach's Alpha von 0,75, das über dem Richtwert für erprobte Skalen von 0,7 liegt. Die bereits übersetzten und in eine siebenstufige Likertskala transformierten Items der *Huber et al.* Studie konnten in identischer Weise für das Forschungsziel der vorliegenden Untersuchung übernommen werden. Die entsprechende Ausgestaltung ist aus *Tabelle 28* ersichtlich.

Indikatorname	**Item** Stimme gar nicht zu – Stimme voll und ganz zu **Cronbach's Alpha 0,75**
B201_01	Ich versuche auf dem neuesten Stand der Mode zu sein.
B201_02	Ich trage keine altmodische Kleidung.
B201_03	Ich möchte den Eindruck vermitteln, gut gekleidet zu sein.

Tabelle 28: Items der Skala zur Messung des Konstrukts „Fashion Consciousness"

4.4 Darstellung der Ergebnisse des Strukturmodells

Nachdem in den vorangegangenen Kapiteln die Faktoroperationalisierung sowie deren Prüfung hinsichtlich der Erfüllung der Gütekriterien auf Messmodellebene Gegenstand des Interesses war, liegt das Ziel des vorliegenden Abschnitts in der Darstellung und Überprüfung der Ergebnisse auf Strukturmodellebene.[313] Anhand der empirischen Daten sollen Aussagen über die Gültigkeit der aufgestellten Ursache-Wirkungshypothesen getroffen werden. Vorrangig interessieren in diesem Zusammenhang die Pfadkoeffizienten sowie deren Signifikanzwerte. *Tabelle 29* gewährt einen Überblick der untersuchten Hypothesen des Untersuchungsmodells.

Wie aus der *Tabelle* ersichtlich, wurden Hypothesen H4, H5 und H9 abgelehnt. Sie wiesen t-Werte unter dem kritischen Wert von 1,66 für ein Signifikanzniveau von 10 % auf. Alle übrigen Hypothesen konnten bestätigt werden. In der nachfolgenden *Abbildung 9* sind die Pfadkoeffizienten und deren t-Werte noch einmal grafisch dargestellt.

[312] Vgl. Huber et al. (2013), S. 67.
[313] Vgl. Huber/Hamprecht /Heise (2012), S. 93.

Hypothesen	Pfadkoeffizient	t-Wert	Ergebnis
H1 ER->SAT	0,1502	1,8873	bestätigt
H2 ER->Arousal	0,2382	2,7422	bestätigt
H3 ER->Pleasure	0,2902	4,5058	bestätigt
H4 FR->Arousal	0,0664	1,1667	**abgelehnt**
H5 FR->Pleasure	0,0297	0,8175	**abgelehnt**
H6 FR->SAT	0,1241	1,9254	bestätigt
H7 Store->Arousal	0,3657	4,5999	bestätigt
H8 Store->Pleasure	0,5849	9,8821	bestätigt
H9 Arousal->SAT	0,025	0,7256	**abgelehnt**
H10 Pleasure->SAT	0,5698	6,7731	bestätigt
H11 SAT->Kauf	0,841	45,0037	bestätigt
H12 SAT->Loy	0,7762	38,4505	bestätigt
H13 SAT->WOM	0,8638	58,4859	bestätigt

Tabelle 29: Überblick der Pfadkoeffizienten und t-Werte der hypothesierten Modellzusammenhänge

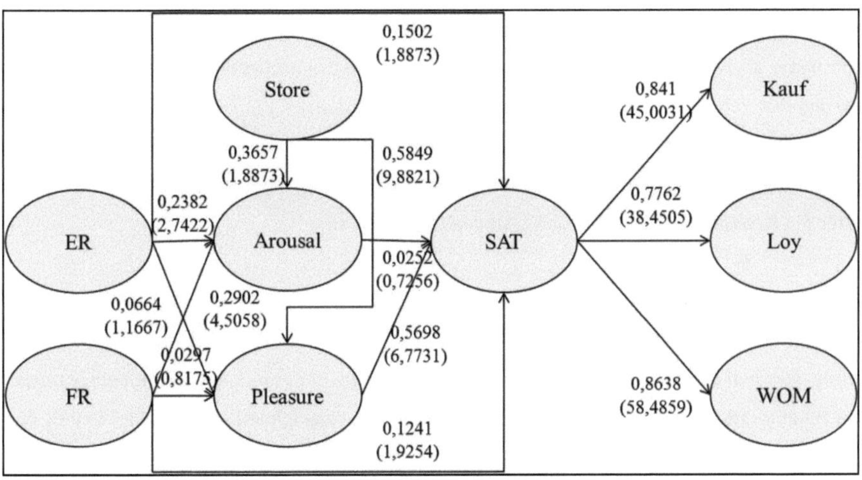

Abbildung 9: Darstellung der Pfadkoeffizienten im Strukturmodell

Die Überprüfung zeigt, dass alle endogenen Konstrukte mit den R^2 Werten von 0,7426 (Pleasure), 0,3951 (Arousal), 0,6458 (SAT), 0,6024 (Loy), 0,7461 (WOM), 0,7072 (Kauf) durch die im Modell vorgelagerten Konstrukte hinreichend erklärt werden. Das erforderliche Bestimmtheitsmaß von 0,25 wird in allen Fällen deutlich überschritten. Der Wert von 0,7426 für das Konstrukt „Pleasure“ bedeutet beispielsweise, dass 74,26 Prozent der Varianz von „Pleasure“ durch die auf das Konstrukt einwirkenden Größen erklärt werden kann. *Tabelle 30* stellt das Bestimmtheitsmaβ aller endogenen Konstrukte dar.

Endogenes Konstrukt	**Kausal vorgelagerte Konstrukte**	**Bestimmtheitsmaß R^2**
Pleasure	ER, FR, Store	0,7426
Arousal	ER, FR, Store	0,3951
SAT	Pleasure, Arousal	0,6458
Kauf	SAT	0,7072
Loy	SAT	0,6024
WOM	SAT	0,7461

Tabelle 30: Überblick der durch das Modell erklärten Varianz endogener Konstrukte

Auf die Überprüfung des Bestimmtheitsmaßes erfolgt eine Überprüfung auf Multikollinearität. Wie in Kapitel 4.2.2 erläutert, besteht Multikollinearität, wenn die Werte eines vorgelagerten Konstrukts durch andere vorgelagerte Konstrukte vorhergesagt werden können. Die Problematik der Multikollinearität ist in der Gefahr gegeben, bestimmte Einflussfaktoren durch mehrere Konstrukte abzubilden. Diese würden somit mehrfach auf das nachgelagerte Konstrukt einwirken und dadurch die Aussagekraft der Untersuchung mindern.[314] Für die Berechnung des VIF-Wertes ist eine Regressionsanalyse durchzuführen. Die Anzahl der Regressionsanalysen wird dabei durch die Anzahl der vorgelagerten Konstrukte bestimmt. Im vorliegenden Modell sind es für die Konstrukte „Pleasure“ und „Arousal“ jeweils drei.

Für die antizipierte Zufriedenheit ergeben sich vier. Jeder Erfolgsfaktor dient in der Regression einmal als abhängige Variable. Dadurch wird getestet, ob der betroffene Faktor von den anderen Erfolgsfaktoren erklärt wird. Der VIF kann danach mithilfe der ermittelten Bestimmtheitsmaße berechnet werden (VIF= $1/1\text{-}R^2$).[315] Wie in *Tabelle 31* verzeichnet, überschreitet keines der Konstrukte den kritischen Wert von 5 womit Multikollinearität ausgeschlossen werden kann.Darüber hinaus ist die Vorhersagevalidität der endogenen reflektiven Konstrukte analog zum Messmodell überprüfbar.[316] Hierbei gilt es, das Stone-Geißers Q^2 zu ermitteln, welches einen Wert von >0 annehmen sollte. Wird die Bedingung erfüllt, kann davon ausgegangen wer-

[314] Vgl. Huber/Hamprecht/Heise (2012), S. 94.
[315] Vgl. Huber et al. (2010), S. 109.
[316] Vgl. Huber et al. (2009), S. 136.

den, dass eine hinreichende Rekonstruktion endogener Konstrukte durch die ihnen vorgelagerten Größen möglich ist. Im Gegensatz zur Messmodellebene stehen auf Strukturmodellebene die Redundanzen statt der Kommunalitäten im Fokus des Interesses.[317]

Endogenes Konstrukt	Zielkonstrukte bei der Berechnung	korr. R^2	VIF
Pleasure Arousal	Konstruktwert FR	0,585	2,4036
	Konstruktwert ER	0,734	3,7594
	Konstruktwert Store	0,677	3,0959
Satisfaction	Konstruktwert FR	0,578	2,3697
	Konstruktwert ER	0,721	3,5842
	Konstruktwert AR	0,307	1,4430
	Konstruktwert PL	0,668	3,0120

Tabelle 31: VIF Werte der endogenen Konstrukte

Tabelle 32 gibt die ermittelten Werte an und zeigt, dass die Vorhersagevalidität für alle endogenen Konstrukte gegeben ist.

Endogenes Konstrukt	Stone Geißers Q^2
Arousal	0,2345
Pleasure	0,6662
SAT	0,5604
Kauf	0,6475
Loy	0,4327
WOM	0,6198

Tabelle 32: Vorhersagevalidität der endogenen Konstrukte

4.5 Überprüfung moderierender Effekte

4.5.1 Fit Funktionale Reputation und Einkaufsumfeld

Nachdem die Kriterien des Strukturmodells untersucht wurden, erfolgt in einem weiteren Schritt die Überprüfung des vermuteten Einflusses der Moderationsvariablen. Da in Kapitel 4.2.3 ausführlich auf das Vorgehen bei der Durchführung eines Gruppenvergleichs nach *Chin* eingegangen wurde, ist eine detaillierte Beschreibung der Durchführung des Verfahrens nicht Gegenstand des aktuellen Kapitels.

317 Vgl. Huber/Meyer/Gluth (2012), S. 150.

Zunächst interessiert der Einfluss der moderierenden Variable „Fit Funktionale Reputation und Einkaufsumfeld". Dazu wurden in einem ersten Schritt die Mittelwerte der jeweiligen Indikatoren gebildet, um dann durch den Median zwei gleichgroße Gruppen zu bilden. Die erste Gruppe empfand den Fit zwischen dem Einkaufsumfeld von „Abercrombie & Fitch" und der funktionalen Reputation der Marke im Gegensatz zur zweiten Gruppe als weniger passend. Um eine gleichmäßige Verteilung zu erreichen wurden sechs Fragebögen, die den Median (5,67) trafen der ersten Gruppe zugeordnet. Weitere 15 wurden in die zweite Gruppe integriert. Da der Rahmen der vorliegenden Arbeit nicht zu sehr strapaziert werden soll, beschränkt sich die Prüfung der Modelle auf die Strukturebene.[318] Die Ergebnisse der Erklärungsgüte für die verschiedenen Erhebungseinheiten sind in *Tabelle 33* gegenübergestellt.

Endogenes Konstrukt	**Fit Funktional passend Low**		**Fit Funktional passend High**	
	R^2	**Q^2**	**R^2**	**Q^2**
Pleasure	0,523	0,4306	0,8152	0,7526
Arousal	0,2069	0,049	0,4669	0,3028
SAT	0,479	0,3866	0,7602	0,6941
Kauf	0,5687	0,5055	0,7784	0,7214
Loy	0,4333	0,2647	0,6812	0,5538
WOM	0,6114	0,5263	0,8206	0,7073

Tabelle 33: Kriterien der Erklärungsgüte Gruppenvergleich „Fit Funktionale Reputation und Einkaufsumfeld"

Die Überprüfung der erklärten Varianz zeigt, dass bei der Gruppe „Fit Funktional passend Low" das Konstrukt „Arousal" nicht ausreichend durch die vorgelagerten Konstrukte (ER, FR, Store) erklärt wird. In der zweiten Gruppe erreichen alle R^2-Werte die geforderte Mindestgröße. Bei der Überprüfung der Vorhersagevalidität können für alle endogenen Konstrukte hinreichende Werte verzeichnet werden. Auf den Vergleich der Erklärungsgüte folgt eine Hypothesenprüfung in beiden Gruppen. Unterschiede können im Vergleich der t-Werte der jeweiligen Hypothesen entstehen. Wird eine Hypothese in einer Gruppe aufgrund eines niedrigen t-Wertes verworfen, in der anderen Gruppe aber angenommen, deutet dies auf einen signifikanten Unterschied zwischen beiden Gruppen hin. Gilt eine Hypothese in beiden Gruppen als bestätigt, ist es durch den in Kapitel 4.2.2 erläuterten Chin Test möglich, signifikante Differenzen zwischen

[318] Vgl. Huber et al. (2009), S. 139.

den betroffenen Pfadkoeffizienten aufzudecken.[319] Die Ergebnisse des Gruppenvergleichs sind in *Tabelle 34* aufgezeigt. Die letzte Spalte enthält die t-Werte nach *Chin*, die für den Fall berechnet werden, in welchem eine Hypothese innerhalb beider Gruppen bestätigt wurde.

Hypothese	Fit Funktional passend Low			Fit Funktional passend High			Gruppenvergleich t-Wert
	Pfad	t-Wert	signifikant	Pfad	t-Wert	signifikant	
H1 ER->SAT	0,027	0,436	Nein	0,336	2,8485	Ja	-
H2 ER->Arousal	0,118	1,25	Nein	0,321	2,4695	Ja	-
H3 ER->Pleasure	0,267	2,8385	Ja	0,311	3,6207	Ja	0,0458
H4 FR->Arousal	0,061	0,832	Nein	0,007	0,1071	Nein	-
H5 FR->Pleasure	0,055	1,0179	Nein	0,027	0,4922	Nein	-
H6 FR->SAT	0,177	2,2812	Ja	0,121	1,4818	Nein	-
H7 Store->Arousal	0,322	2,9947	Ja	0,398	2,9208	Ja	0,4384
H8 Store->Pleasure	0,469	5,2014	Ja	0,648	8,3654	Ja	1,5105
H9 Arousal->SAT	0,084	1,2293	Nein	0,025	0,5101	Nein	-
H10 Pleasure->SAT	0,518	4,9423	Ja	0,456	4,3331	Ja	0,4193
H11 SAT->Kauf	0,754	21,495	Ja	0,882	32,242	Ja	**2,8892**
H12 SAT->Loy	0,658	17,127	Ja	0,825	31,964	Ja	**3,6247**
H13 SAT->WOM	0,782	25,515	Ja	0,906	58,215	Ja	**3,6229**

Tabelle 34: Kriterien der Hypothesenprüfung Gruppenvergleich „Fit Funktionale Reputation und Einkaufsumfeld“

Wie aus *Tabelle 34* ersichtlich, ergeben sich für den Vergleich beider Gruppen für sechs der 13 untersuchten Wirkungszusammenhänge signifikante Unterschiede. Zunächst lassen sich Variationen in der Signifikanz der Pfadkoeffizienten beobachten. Während Hypothesen H1 und H2 in der ersten Gruppe verworfen werden müssen, sind die zugehörigen t-Werte in „Gruppe 2“ groß genug, um die Hypothesen anzunehmen. In umgekehrter Weise verhält es sich mit Hypothese 6 die in „Gruppe 2“ verworfen und in „Gruppe 1“ bestätigt werden konnte. Der Gruppenvergleich nach *Chin* deckt signifikante Unterschiede bei H11, H12 und H13 auf. Mit steigender Ausprägung der Moderationsvariable und somit dem wahrgenommenen Fit nimmt der jeweils betrachtete Zusammenhang zu. Im Hinblick auf die unter H15 aufgestellte Hypothese zu der

[319] Vgl. Huber et al. (2009), S. 97.

Moderatorvariablen „Fit Funktionale Reputation und Einkaufsumfeld“ kann folglich ein signifikanter Einfluss auf die Modellzusammenhänge bestätigt werden. Eine Interpretation der Ergebnisse erfolgt in Kapitel 4.6.

4.5.2 Fit Affektive Reputation und Einkaufsumfeld

Analog des im voran gegangenen Kapitel beschriebenen Vorgehens, wird die Gesamtheit der erhobenen Daten zunächst in zwei gleichgroße Gruppen eingeteilt. Die Aufteilung erfolgt anhand des ermittelten Medians von 6. 23 Probanden, die hinsichtlich der Moderatorausprägung genau den Median treffen, müssen nach dem Kriterium der Gleichverteilung der ersten Gruppe zugeteilt werden. 28 werden der zweiten Gruppe, die eine höhere Ausprägung der Moderationsvariable aufweist, zugewiesen. Dies bedeutet, dass die Probanden in der ersten Gruppe den Fit zwischen der emotionalen Reputation und dem Einkaufsumfeld als weniger passend empfinden, als die Probanden, die in „Gruppe 2“ eingeteilt wurden. Zunächst erfolgt der Vergleich der Erklärungsgüte in beiden Gruppen anhand der erklärten Varianz und einer Untersuchung der Vorhersagevalidität. Die Ergebnisse sind in *Tabelle 35* dargestellt.

Endogenes Konstrukt	**Fit Emotional passend Low**		**Fit Emotional passend High**	
	R^2	**Q^2**	**R^2**	**Q^2**
Pleasure	0,4428	0.3463	0,8161	0,7546
Arousal	0,1723	0,0451	0,4916	0.3048
SAT	0,4605	0,3766	0,7181	0,6329
Kauf	0,5335	0,4677	0,7814	0,737
Loy	0,3709	0,2221	0,6986	0,5493
WOM	0,6221	0,5451	0,7875	0,6727

Tabelle 35: Kriterien der Erklärungsgüte Gruppenvergleich „Fit Affektive Reputation und Einkaufsumfeld“

Die Überprüfung der erklärten Varianz für beide Gruppen führt zu dem Ergebnis, dass das Konstrukt „Arousal“ in der Gruppe, die den Fit als weniger passend empfinden, nicht ausreichend von den vorgelagerten Konstrukten erklärt wird. Alle weiteren Konstrukte weisen R^2-Werte von über 0,25 auf. Deren Varianz wird somit zu mehr als 25 Prozent durch die auf das Konstrukt einwirkenden Determinanten erklärt. Die Untersuchung der Vorhersagevalidität über Stone-Geißers Q^2 legt bei jedem Konstukt Ergebnisse > 0 offen. Somit kann eine geeignete

Vorhersagevalidität für alle Konstrukte bestätigt werden. Die Hypothesenprüfung erfolgt getrennt für beide Gruppen und ist in *Tabelle 36* dargestellt.

Hypothese	**Fit passend Low**			**Fit passend High**			**Gruppen-vergleich t-Wert**
	Pfad	**t-Wert**	**signifikant**	**Pfad**	**t-Wert**	**signifikant**	
H1 ER->SAT	0,139	1,6322	Nein	0,163	1,3309	Nein	-
H2 ER->Arousal	0,131	1,361	Nein	0,188	1,7197	Ja	-
H3 ER->Pleasure	0,218	2,0711	Ja	0,334	4,1233	Ja	0,875
H4 FR->Arousal	0,107	1,1769	Nein	0,030	0,4952	Nein	-
H5 FR->Pleasure	0,060	1,009	Nein	0,021	0,445	Nein	-
H6 FR->SAT	0,159	1,99	Ja	0,083	1,054	Nein	-
H7 Store->Arousal	0,238	2,1402	Ja	0,557	4,5442	Ja	1,934
H8 Store->Pleasure	0,456	4,2916	Ja	0,587	7,8693	Ja	1,011
H9 Arousal->SAT	0,056	1,0203	Nein	0,043	0,7831	Nein	-
H10 Pleasure->SAT	0,461	4,7467	Ja	0,611	5,0606	Ja	0,977
H11 SAT->Kauf	0,7304	19,943	Ja	0,884	34,696	Ja	**3,327**
H12 SAT->Loy	0,609	12,921	Ja	0,836	39,361	Ja	**4,406**
H13 SAT->WOM	0,789	25,458	Ja	0,887	46,775	Ja	**2,724**

Tabelle 36: Kriterien der Hypothesenprüfung Gruppenvergleich „Fit Affektive Reputation und Einkaufsumfeld"

Wie aus *Tabelle 36* ersichtlich, können insgesamt fünf Unterschiede in den 13 untersuchten Wirkungszusammenhängen beobachtet werden. Zunächst fallen Differenzen in den Signifikanzen der Pfadkoeffizienten auf. Während H2 in „Gruppe 1" abgelehnt werden muss, kann diese in „Gruppe 2" bestätigt werden. In gegensätzlicher Weise verhält es sich mit H6. Die Hypothese wird in „Gruppe 1" angenommen und in „Gruppe 2" verworfen. Eine Untersuchung auf Unterschiede in den Schätzern nach *Chin* deckt weiterhin signifikante Gruppenunterschiede bei H11, H12 und H13 auf. Die Überprüfung zeigt, dass der betrachtete Wirkungszusammenhang jeweils mit steigender Ausprägung der Moderationsvariable zunimmt. Der unter H14 postulierte signifikante Einfluss des wahrgenommenen Fits zwischen Einkaufsumfeld und affektiver Reputation kann somit bestätigt werden.

4.5.3 Fashion Consciousness

In einem weiteren Gruppenvergleich soll die Hypothese untersucht werden, dass sich die Stärke der Konstruktzusammenhänge in Abhängigkeit davon unterscheidet, inwieweit sich die Probanden als modebewusst einschätzen. Dazu wird die Gesamtstichprobe zunächst anhand des ermittelten Medians der verzeichneten Antworten mit dem Wert 6 in zwei gleich große Gruppen von je 143 Probanden eingeteilt. Der hohe Median zeigt, dass sich der Großteil der teilnehmenden Probanden als sehr modebewusst einschätzt. Vier Probanden, die den Median trafen wurden der ersten Gruppe zugeteilt, deren Gruppenmitglieder sich als weniger modebewusst einschätzten. Weitere 25 Probanden wurden im Sinne der Parität in die zweite Gruppe mit der höheren Ausprägung der Moderationsvariablen eingeteilt. Nach der Bildung der beiden Teilgruppen erfolgt die Untersuchung der Erklärungsgüte der Modelle. Die Ergebnisse sind in *Tabelle 37* verzeichnet.

Endogenes Konstrukt	**Fashion Low**		**Fashion High**	
	R^2	**Q^2**	**R^2**	**Q^2**
Pleasure	0,4537	0,3698	0,8463	0,7787
Arousal	0,2171	0,0238	0,5629	0,4265
SAT	0,4947	0,3928	0,7002	0,6272
Kauf	0,5545	0,4974	0,758	0,6789
Loy	0,4377	0,2568	0,641	0,5178
WOM	0,6627	0,5449	0,7766	0,6591

Tabelle 37: Kriterien der Erklärungsgüte Gruppenvergleich „Fashion Consciousness“

Die ermittelten R^2-Werte decken auf, dass die Varianz des Konstrukts „Arousal“ in der ersten Gruppe nur zu 21,71 % von den vorgelagerten Konstrukten erklärt werden kann. Der geforderte Mindestwert von 25 % wird somit unterschritten. Die Ergebnisse aller weiteren Konstrukte sind dagegen zufriedenstellend. Darüber hinaus ergeben sich ausschließlich Stone-Geißers-Q^2 Werte von > 0. Damit ist eine ausreichende Erklärungsgüte des Modells bescheinigt. Die für beide Gruppen durchgeführte Hypothesenprüfung ist *Tabelle 38* zu entnehmen.

Analog zu dem Vorgehen bei der vorangegangenen Überprüfung der Moderationseffekte werden zunächst die Signifikanzen der Pfadkoeffizienten auf Unterschiede untersucht. Hierbei lassen sich fünf Unterschiede aufdecken. Während H1, H2, H4 in „Gruppe 1“ abgelehnt werden, können sie in „Gruppe 2“ angenommen werden. In gegensätzlicher Weise verhält es sich mit

Hypothese 6 und 9, die in der ersten Gruppe angenommen; in der zweiten Gruppe jedoch verworfen werden mussten. Weiterhin deckt der Modellvergleich nach *Chin* signifikante Unterschiede in der Höhe der Pfadkoeffizienten auf.

Hypothese	**Fashion Con Low**			**Fashion Con High**			**Gruppen-vergleich t-Wert**
	Pfad	**t-Wert**	**signifi-kant**	**Pfad**	**t-Wert**	**signifi-kant**	
H1 ER->SAT	0,035	0,5568	Nein	0,363	2,6319	Ja	-
H2 ER->Arousal	0,127	1,3127	Nein	0,218	1,812	Ja	-
H3 ER->Pleasure	0,210	2,1409	Ja	0,230	3,7087	Ja	0,701
H4 FR->Arousal	0,059	0,7427	Nein	0,178	1,8233	Ja	-
H5 FR->Pleasure	0,023	0,457	Nein	0,091	1,452	Nein	-
H6 FR->SAT	0,178	2,1684	Ja	0,075	1,0992	Nein	-
H7 Store->Arousal	0,328	2,9193	Ja	0,411	3,7402	Ja	0,532
H8 Store->Pleasure	0,493	5,0531	Ja	0,583	8,725	Ja	0,767
H9 Arousal->SAT	0,141	1,716	Ja	0,025	0,4092	Nein	-
H10 Pleasure->SAT	0,491	5,0611	Ja	0,424	3,0028	Ja	0,391
H11 SAT->Kauf	0,745	19,478	Ja	0,871	36,042	Ja	**2,794**
H12 SAT->Loy	0,662	15,839	Ja	0,801	23,927	Ja	**2,604**
H13 SAT->WOM	0,789	25,531	Ja	0,881	44,1	Ja	**2,511**

Tabelle 38: Kriterien der Hypothesenprüfung Gruppenvergleich „Fashion Consciousness“

Die betrachteten Wirkungszusammenhänge bei H11, H12 und H13 nehmen mit steigender Ausprägung der Moderationsvariable „Fashion Consciousness“ zu. Hypothese 16, die postuliert, dass die Stärke der Konstruktzusammenhänge in Abhängigkeit der Moderationsvariable „Fashion Consciousness“ variieren, kann somit bestätigt werden.

4.5.4 Überprüfung von „Arousal“ als Interaktionsterm

In einer letzten Untersuchung galt es, die Wirkung von „Arousal“ auf den Zusammenhang von „Pleasure“ und „Zufriedenheit“ zu untersuchen. Dazu fand eine Integration von „Arousal“ als Interaktionsterm mittels PLS statt; wobei „Arousal“ als Moderatorvariable und „Pleasure“ als Prediktorvariable definiert wurden. Die Ergebnisse der Untersuchung finden sich in der nachfolgenden *Tabelle*.

Hypothesen	Pfadkoeffizient	t-Wert	Ergebnis
H17 Arousal->(Pleasure ->SAT)	0,0791	0,9015	abgelehnt

Tabelle 39: Ergebnisse der Überprüfung von „Arousal" als Interaktionsterm

Die Ergebnisse zeigen, dass der vermutete Richtungszusammenhang aufgrund des niedrigen t-Wertes nicht bestätigt werden kann.

4.6 Interpretation und Diskussion der Ergebnisse

Die Überprüfung des Modells hat gezeigt, dass nicht alle vermuteten Wirkungszusammenhänge der Konfrontation mit den empirischen Daten standhalten konnten.[320] Die nicht signifikanten Einflüsse der funktionalen Reputationskomponenten auf das emotionale Markenerleben stehen dabei im Einklang mit dem Grundsatz „Feelings over Reasoning?". Auch die Ablehnung der Hypothese einer direkten Wirkung von „Arousal" auf die antizipierte Zufriedenheit lieferte interessante Ergebnisse und weist auf die Notwendigkeit weitergehender Forschung hin. Alle weiteren vermuteten Zusammenhänge konnten bestätigt werden und stellen damit interessante Erkenntnisse im Kontext der separat betrachteten Wirkung von Reputation als Fremderfahrung sowie persönlicher Evaluation auf die Markenwahrnehmung dar. Im Folgenden wird die Interpretation für die einzelnen Modellzusammenhänge schrittweise vorgenommen. Zunächst erfolgt eine Untersuchung der Hypothesenergebnisse im Kontext der Wirkung vorgelagerter Konstrukte auf „Arousal". Diese sind in der nachfolgenden *Tabelle* dargestellt.

Hypothesen	Pfadkoeffizient	t-Wert	Ergebnis
H2 ER->Arousal	0,2382	2,7422	bestätigt
H4 FR->Arousal	0,0664	1,1667	**abgelehnt**
H7 Store->Arousal	0,3657	4,5999	bestätigt

Tabelle 40: Hypothesen zur Wirkung vorgelagerter Konstrukte auf „Arousal"

Es zeigt sich, dass nur zwei der drei postulierten Zusammenhänge bestätigt werden konnten. Mit einem Pfadkoeffizienten von 0,3657 übt das „Einkaufsumfeld" den stärksten Einfluss auf die Erregung der Probanden aus. Folglich deutet die Identifikation des Einkaufserlebnisses, als zentralen Einflussfaktor auf „Arousal", basierend auf den Thesen von *Mehrabian* und *Russell,* auf eine stark aktivierende Wirkung hin.[321] Auch der Effekt der emotionalen Reputation der

[320] Vgl. Huber/Meyer/Gluth (2012), S. 168.
[321] Vgl. Kaltcheva/Weitz (2006), S. 107.

Marke auf die Erregung der Probanden konnte bestätigt werden. Die Richtung des Wirkungszusammenhangs zwischen Funktionaler Reputation und „Arousal“ stellte sich zwar wie anfangs vermutet dar, es konnte aber kein signifikanter Einfluss attestiert werden. Objektive Informationen über Preise und Produktbeschaffenheit scheinen somit den emotionalen Gemütszustand der Erregung nicht zu berühren. Die wissenschaftliche Literatur deutet entsprechend darauf hin, dass gerade emotionale Reize, die der Konsument als attraktiv wahrnimmt, eine aktivierende Wirkung aufzeigen.[322] Auf Grundlage fachlicher Literaturrevision wurde durch das Auslösen kognitiver Prozesse ebenfalls eine aktivierende Wirkung vermutet.[323]

Dieser Effekt konnte in der vorliegenden Studie jedoch nicht gezeigt werden, was allerdings auch auf die verwandte Aktivierungsskala zurückzuführen sein könnte. Es ist zu erwarten, dass die Bezeichnungen einiger Items zur Messung sehr starker Aktivierung mit negativen Assoziationen einhergehen. Somit wäre statt einer positiven Korrelation zwischen funktionaler Reputation und Aktivierung ein, in Folge des Einbezugs der gesamten Aktivierungsspanne, optimales Aktivierungslevel zu vermuten. Es bietet sich somit an, eine Aktivierungsmessung positiver Tonalität zu verwenden oder die Itemskala an einem für den Probanden optimalen Aktivierungslevel enden zu lassen. In Kapitel 4.7.2 werden in diesem Kontext Vorschläge zu einer alternativen Messung für zukünftige Forschungsprojekte unterbreitet. In einem nächsten Schritt werden die Ergebnisse im Kontext der Determinanten des Konstrukts „Pleasure“ genauer betrachtet. Die zugehörigen Hypothesen und Daten stellt *Tabelle 41* dar.

Hypothesen	**Pfadkoeffizient**	**t-Wert**	**Ergebnis**
H3 ER->Pleasure	0,2902	4,5058	bestätigt
H5 FR->Pleasure	0,0297	0,8175	**abgelehnt**
H8 Store->Pleasure	0,5849	9,8821	bestätigt

Tabelle 41: Hypothesen zur Wirkung vorgelagerter Konstrukte auf „Pleasure“

Wiederum zeigt sich, dass nur zwei der drei aufgestellten Hypothesen zur Einflussnahme auf das Konstrukt „Pleasure“ bestätigt werden konnten. Das Einkaufserlebnis weist mit einem Pfadkoeffizienten von 0,585 die größte Wirkung auf das empfundene Vergnügen auf. Dieses

322 Vgl. Hampel (2011), S. 139.
323 Vgl. Kroeber-Riel (1990), S. 70.

Ergebnis unterstreicht die Beobachtung, dass das Design der Läden, das Verhalten der Mitarbeiter, das Image und die Atmosphäre stark auf das emotionale Erleben der Marke wirken und somit höchste Relevanz für den Markenauftritt haben.[324] Für die funktionale Reputation konnte auch auf die zweite Dimension der emotionalen Wahrnehmung keine Wirkung nachgewiesen werden. Der sich ergebende t-Wert von 0,8175 lag deutlich unter dem geforderten Mindestmaß.

Somit ist festzuhalten, dass das emotionale Erleben einer Marke laut der durchgeführten Untersuchung, unabhängig von der zuvor aufgeführten Kritik bzgl. der Aktivierungsskala, nicht von funktionaler Reputation determiniert wird. Da im Gegensatz zur funktionalen Reputation, affektive Reputation eine signifikante Wirkung auf beide Dimensionen des emotionalen Markenerlebens zeigte, scheint sich der „Feelings over Reasoning Ansatz" in diesem Kontext zu bestätigen. Hier sei auf die im Zusammenhang der Zufriedenheitsforschung aufgezeigte Hypothese der Unterscheidung zwischen „Attractive quality elements" und „Must-be quality elements" verwiesen. Durch die Messung von „Vergnügen" in der vorliegenden Studie mit Gefühlen der Freude wird ein Zustand angesprochen, der über die reine Zufriedenheit hinausgeht. Emotionale Attribute wie die affektive Reputation stellen unbewusste Bedürfnisse dar, weshalb eine Erfüllung dieser verborgenen Wünsche zu überproportionaler Steigerung des Zufriedenheitsempfindens führt. Die Abwesenheit der angesprochenen Eigenschaften resultiert allerdings nicht in Unzufriedenheit der Probanden. An funktionale Attribute wird dagegen mit größerer Wahrscheinlichkeit eine gewisse Erwartungshaltung herangetragen. Daher können sie als „Must-be quality elements" nur in beschränktem Umfang Zufriedenheit erhöhen; führen aber bei Abwesenheit zu Unzufriedenheit.[325]

Das Erzeugen von Gefühlen des Glücks wäre somit durch rein funktionale Elemente als unwahrscheinlich anzusehen, obwohl sie in positiver Korrelation mit der Zufriedenheiterwartung stehen. Dies erklärt auch die Ablehnung der Hypothese 5, wohingegen die Wirkung der funktionalen Reputation auf die antizipierte Zufriedenheit bestätigt werden konnte. Die entsprechenden Hypothesen zur Zufriedenheit und Ergebnisse der empirischen Untersuchung sind aus *Tabelle 42* ersichtlich.

---

[324] Vgl. Sherman/Mathur/Smith (1998), S. 368 f.
[325] Vgl. Hölzing (2008), S. 82.

Hypothesen	Pfadkoeffizient	t-Wert	Ergebnis
H1 ER->SAT	0,1502	1,8873	bestätigt
H6 FR->SAT	0,1241	1,9254	bestätigt
H9 Arousal->SAT	0,025	0,7256	**abgelehnt**
H10 Pleasure->SAT	0,5698	6,7731	bestätigt

Tabelle 42: Hypothesen zur Wirkung vorgelagerter Konstrukte auf „Antizipierte Zufriedenheit"

Von den insgesamt vier postulierten Zusammenhängen konnten drei bestätigt werden. Den größten Einfluss auf die Zufriedenheit hatte, wie anzunehmen, das Konstrukt „Pleasure" mit einem Pfadkoeffizienten von 0,5698. Zahlreiche Studien konnten zuvor „Pleasure" eindeutig als wichtige Determinante der Zufriedenheit identifizieren.[326] Weiterhin wurden die Hypothesen einer positiven Wirkung von affektiver und funktionaler Reputation auf die Zufriedenheit bestätigt. Eine Marke, die sympathisch erscheint und bzgl. ihrer Produkte über einen guten Ruf verfügt, steigert somit die Zufriedenheit nach dem Kauf. Nicht bestätigt wurde die These einer positiven Wirkung von „Arousal" auf die Zufriedenheit.

An dieser Stelle könnte es erneut von Bedeutung sein, dass eine gesteigerte Aktivierung von Konsumenten nicht grundsätzlich als angenehm empfunden wird. Die von *Mehrabian* und *Russell* verwandte Skala zur Messung von Erregung beinhaltete auch die Eigenschaftspaare „träge-hektisch" und „schwerfällig-unruhig".[327] Die Extrempunkte „unruhig" und „hektisch" wecken durchaus auch negative Assoziationen und könnten somit die empfundene Zufriedenheit mindern. Es ist zu erwarten, dass das als angenehm empfundene Aktivierungslevel zwischen den jeweiligen Skalenendpunkten liegt und der Zusammenhang zwischen „Arousal" und „Zufriedenheit" somit nicht linear verläuft.[328]

Für entsprechende Empfehlungen wird an dieser Stelle wiederum auf das Kapitel zu Implikationen für die Marketingforschung verwiesen. In diesem Kontext soll auch auf das Ergebnis der Überprüfung einer Wirkung von „Arousal" auf die Beziehung von „Pleasure" und „Antizipierter Zufriedenheit" eingegangen werden. Dieses ist in der folgenden *Tabelle* verzeichnet.

---

[326] Vgl. Wirtz/Matilla/Tan (2000), S. 361

[327] Vgl. Sherman/Mathur/Smith (1998), S. 138.

[328] Zur Vertiefung der Thematik empfiehlt sich die Lektüre der „Optimal Arousal Theory" nach *Berlyne* (1960).

Hypothesen	Pfadkoeffizient	t-Wert	Ergebnis
H17Arousal->(Pleasure ->SAT)	0,0791	0,9015	abgelehnt

Tabelle 43: Hypothese zu dem Einfluss von „Arousal“ auf den Wirkungszusammenhang von „Pleasure“ und „Antizipierter Zufriedenheit"

Die Ergebnisse zeigen, dass „Arousal“ keine Wirkung auf den benannten Zusammenhang nachgewiesen werden kann. Die vermutete Hypothese geht vor allem aus dem vorgestellten „Traditional Pleasure-Arousal Interaction Ansatz“ nach *Mehrabian* und *Russell* (1974) hervor. Dieses Konzept beinhaltet die These, dass ein höheres Aktivierungslevel die Wirkung positiver oder negativer Emotionen, je nach Ausrichtung der Valenzdimension, verstärkt. *Wirtz*, *Mattila* und *Tan* konnten allerdings ausgehend von einem hohen „Arousal Level“ einen negativen Effekt auf den Zusammenhang zwischen Vergnügen und Zufriedenheit beobachten. Dagegen verzeichneten *Laroche et al.* eine positive Wirkung einer als angenehm empfundenen Erregung auf die Beziehung von „Pleasure“ und „Satisfaction“.[329] Diese widersprüchlichen Ergebnisse könnten wiederum auf die jeweilige Aktivierungsmessung zurückzuführen sein. Da viele Studien einen Einfluss des Aktivierungslevels auf die Wirkung des empfunden Vergnügens bestätigen konnten, liegt die Vermutung nahe, dass sich in der vorliegenden Studie eventuell bestehende Effekte aufgrund der integrierten Skalendefinition gegenseitig aufheben. Zum wiederholten Male bietet die Theorie eines optimalen „Arousal Levels“ Anhaltpunkte zu Erläuterungsversuchen. Ein Gefühl der Hektik könnte die Wirkung von Vergnügen auf Zufriedenheit negativ beeinflussen, wohingegen die Möglichkeit besteht, dass eine generelle Anregung durch die Bereitstellung von Energie den Zusammenhang positiv verstärkt. Im Folgenden steht die Wirkung der „Antizipierten Zufriedenheit“ auf die emotionsgeleiteten Handlungsintentionen „Kaufabsicht“, „Loyalität“ und „WOM“ im Fokus. Die Hypothesen im Rahmen dieser Thematik sind in *Tabelle 44* festgehalten.

Hypothesen	Pfadkoeffizient	t-Wert	Ergebnis
H11 SAT->Kauf	0,841	45,0037	bestätigt
H12 SAT->Loy	0,7762	38,4505	bestätigt
H13 SAT->WOM	0,8638	58,4859	bestätigt

Tabelle 44: Hypothesen zur Wirkung der „Antizipierten Zufriedenheit“ auf „Kaufabsicht“, „Loyalität“ und „Word of Mouth“

[329] Vgl. Wirtz/Mattila/Tan (2000), S. 360; Laroche et al. (2005), S. 159

Alle drei Hypothesen konnten bestätigt werden. Die Pfadkoeffizienten erreichten dabei sehr hohe Werte von 0,841, 0,776 und 0,864. Die empfundene Zufriedenheit eignet sich damit hervorragend, um die angesprochenen Verhaltensweisen der Konsumenten vorauszusagen und stellt sich damit als Zielgröße für die erfolgreiche Positionierung einer Marke heraus. Des Weiteren wurden innerhalb der Studie drei Gruppenvergleiche durchgeführt. Die folgende *Tabelle* zeigt alle beobachteten Unterschiede zwischen Probanden, die den Fit von „Funktionaler Reputation" und „Einkaufsumfeld" als passend und weniger passend empfanden.

Hypothese	**Fit Funktional passend Low**			**Fit Funktional passend High**			**Gruppen vergleich t-Wert**
	Pfad	**t-Wert**	**signifi-kant**	**Pfad**	**t-Wert**	**signifi-kant**	
H1 ER->SAT	0,027	0,436	Nein	0,336	2,8485	Ja	-
H2 ER->Arousal	0,118	1,25	Nein	0,321	2,4695	Ja	-
H6 FR->SAT	0,177	2,2812	Ja	0,121	1,4818	Nein	-
H11 SAT->Kauf	0,754	21,495	Ja	0,882	32,242	Ja	2,8892
H12 SAT->Loy	0,658	17,127	Ja	0,825	31,964	Ja	3,6247
H13 SAT->WOM	0,782	25,515	Ja	0,906	58,215	Ja	3,6229

Tabelle 45: Signifikante Unterschiede des Gruppenvergleichs „Fit Funktionale Reputation und Einkaufsumfeld"

Es ließen sich zunächst drei Unterschiede bei dem Vergleich der Signifikanz der Pfadkoeffizienten erkennen. Bei Personen, die den Fit der funktionaler Reputation und des Einkaufsumfeldes als nicht passend empfanden, konnte im Kontrast zur Vergleichsgruppe keine Wirkung emotionaler Reputation auf die Zufriedenheit und die Aktivierung verzeichnet werden. Dafür war eine signifikante Wirkung der funktionalen Reputation auf die Zufriedenheit innerhalb der „Low Fit Gruppe" im Gegensatz zur „High Fit Gruppe" beobachtbar. Zur Erläuterung dieses Ergebnisses könnte die Konsistenztheorie herangezogen werden. Diese besagt, dass kognitive Inkonsistenzen im Markenauftritt zu unangenehmen Empfindungen führen. Marken, die über keinen harmonischen Auftritt verfügen, werden als weniger stark und glaubwürdig empfunden. Die emotionale Reputation und somit die Sympathie könnte folglich ihre Relevanz für die eigene Zufriedenheit verlieren und stattdessen die funktionale Reputation an Bedeutung gewinnen, die sich an objektiven Kriterien wie Preis und Qualität orientiert. Vermutlich sind es ähnliche Gründe, die dazu führen, dass die emotionale Reputation ihre aktivierende Wirkung in der „Low-Fit Gruppe" verliert. Durch den Gruppenvergleich wurden drei weitere Unterschiede deutlich. Die Wirkung der Zufriedenheit auf die in der Studie integrierten Handlungsintentionen war weiterhin in beiden Gruppen hoch signifikant. Im Fall der „High-Fit Gruppe" konnte jedoch eine deutlich höhere Wirkung der Zufriedenheit auf Kaufabsicht, Loyalität und WOM beobachtet werden. Es ist zu vermuten, dass Probanden, die den Fit zwischen funktionaler Reputation und Einkaufsumfeld als passend empfinden, eher gewillt sind, sich zu Gunsten der Marke zu verhalten. Im konkreten Fall somit die Marke zu kaufen, sie zu empfehlen oder sich ihr gegenüber loyal zu verhalten. Probanden, die davon ausgehen, dass der funktionale Markenauftritt konsistent ist, müssen nicht mit Enttäuschungen rechnen und könnten somit eher Bereitschaft zeigen, sich für den (Wieder-) Kauf der Marke bzw. eine Weiterempfehlung zu entscheiden. In einem weiteren Schritt wurden Unterschiede zwischen Personen, die den Fit von emotionaler Reputation als weniger passend und solchen, die den Fit als stimmig beurteilten, untersucht. Die folgende *Tabelle* zeigt alle signifikanten Unterschiede auf.

Hypothese	Fit Emotional passend Low			Fit Emotional passend High			Gruppen vergleich t-Wert
	Pfad	t-Wert	signifikant	Pfad	t-Wert	signifikant	
H2 ER->Arousal	0,131	1,361	Nein	0,188	1,7197	Ja	-
H6 FR->SAT	0,159	1,99	Ja	0,083	1,054	Nein	-
H11 SAT->Kauf	0,730	19,943	Ja	0,884	34,696	Ja	3,327
H12 SAT->Loy	0,609	12,921	Ja	0,836	39,361	Ja	4,406
H13 SAT->WOM	0,789	25,458	Ja	0,887	46,775	Ja	2,724

Tabelle 46: Signifikante Unterschiede des Gruppenvergleichs „Fit Emotionale Reputation und Einkaufsumfeld"

Zunächst zeigen sich zwei Unterschiede aufgrund differierender Signifikanzen der Pfadkoeffizienten. Ähnlich wie bei dem Gruppenvergleich „Fit Funktionale Reputation und Einkaufsumfeld" zeigt sich die Wirkung der emotionalen Reputation auf die Aktivierung in der „Low-Fit Gruppe" als nicht signifikant. Dafür lässt sich ein Einfluss der funktionalen Reputation nachweisen. Bei der „High-Fit Gruppe" verhält es sich in entgegengesetzter Weise. Auch hier könnte ähnlich wie im Fall des ersten Gruppenvergleichs argumentiert werden. Da der Markenauftritt nicht als konsistent wahrgenommen wird, gewinnen funktionale im Gegensatz zu Sympathiefaktoren an Bedeutung. Der zweite Gruppenvergleich zeigte jedoch keinen Unterschied bzgl. der Wirkung emotionaler Reputation auf die Zufriedenheit. Der konsistente funktionale Auftritt scheint somit von noch größerer Bedeutung für die Wirkung affektiver Komponenten zu sein. Funktionale Aspekte, wie die Qualität, sollten sich daher bei Produkten und innerhalb der Ladenflächen widerspiegeln. Hier könnte wiederholt das Konzept der „Must be quality elements“ im Hinblick auf funktionale Elemente zum Tragen kommen. Konsumenten haben demnach, wie bereits erläutert, eine besondere Erwartungshaltung an die Präsenz funktionaler Attribute. Dieses Konzept kann auch auf den konsistenten Auftritt übertragen werden. Im Vergleich der unterschiedlichen Ebenen fällt das Nichtvorhandensein der besagten Eigenschaften somit in besonderer Weise ins Gewicht. Weiterhin zeigten sich Unterschiede bei der Wirkung empfundener Zufriedenheit auf die Loyalität und die WOM Absicht. Auch hier kann, wie beim ersten Gruppenvergleich, davon ausgegangen werden, dass wohlwollendes Verhalten gegenüber der Marke besonders stark von Zufriedenheit determiniert wird, wenn der Auftritt konsistent ist und nicht mit Abweichungen gerechnet werden muss. In einem dritten Gruppenvergleich wurde die Wirkung des Modebewusstseins der Konsumenten auf die Modellzusammenhänge untersucht. Die Hypothesen, bei denen signifikante Unterschiede erkennbar waren, sind in der folgenden *Tabelle* aufgelistet.

Hypothese	**Fashion Low**			**Fashion High**			**Gruppen vergleich t-Wert**
	Pfad	**t-Wert**	**signifikant**	**Pfad**	**t-Wert**	**signifikant**	
H1 ER->SAT	0,035	0,5568	Nein	0,363	2,6319	Ja	-
H2 ER->Arousal	0,127	1,3127	Nein	0,218	1,812	Ja	-
H4 FR->Arousal	0,059	0,7427	Nein	0,178	1,8233	Ja	-
H6 FR->SAT	0,178	2,1684	Ja	0,075	1,0992	Nein	-
H9 Arousal->SAT	0,141	1,716	Ja	0,025	0,4092	Nein	-
H11 SAT->Kauf	0,745	19,478	Ja	0,871	36,042	Ja	**2,794**
H12 SAT->Loy	0,662	15,839	Ja	0,801	23,927	Ja	**2,604**
H13 SAT->WOM	0,789	25,531	Ja	0,881	44,1	Ja	**2,511**

Tabelle 47: Signifikante Unterschiede des Gruppenvergleichs „Fashion Consciousness“

Durch die Betrachtung der Unterschiede in den Signifikanzen der Pfadkoeffizienten ist ersichtlich, dass in der Gruppe, die sich als modebewusst einschätzen, die Wirkung der emotionalen Reputation auf die empfundene Zufriedenheit und auf die Aktivierung Signifikanz aufweist. Weiterhin konnte eine Wirkung der funktionalen Reputation auf die Aktivierung nachgewiesen werden. Dagegen war es nicht möglich, den vermuteten Wirkungszusammenhang zwischen der funktionalen Reputation und der Aktivierung auf die Zufriedenheit zu beobachten. Für die Vergleichsgruppe an Probanden, die sich für weniger modeaffin hielten, gelten die dargestellten Ergebnisse in entgegengesetzter Wirkung. Probanden, denen Mode wichtig ist, könnten verstärkt Kleidung als Ausdruck ihrer Persönlichkeit betrachten und daher in ihrem emotionalen Erleben insbesondere durch affektive Faktoren beeinflusst werden. Mode könnte somit eine Thematik darstellten, die sich über die Funktionalität von Kleidung erhebt und zu einem persönlichen Anliegen wird. Des Weiteren besteht die Möglichkeit, dass modebewusste Probanden auf Qualität und taktile Eigenschaften gesteigerten Wert legen und sich daher durch funktionale Reize leichter aktivieren lassen. Diese Aktivierung beeinflusst dann aber nicht die Zufriedenheit, die bei emotionalen Themen eher von der Valenzdimension abhängig ist. Der vermutete Zusammenhang wird weiter dadurch unterstützt, dass die funktionale Reputation in der Gruppe der modebewussten Probanden keinen Einfluss auf die Zufriedenheit hatte. Weiterhin wird die Bedeutung der Emotionalität modebewusster Konsumenten durch den signifikanten Unterschied in der Wirkung der Zufriedenheit auf die emotionsgeleiteten Handlungsintentionen deutlich. Bei Probanden der „High Fashion Consciousness Gruppe" konnten die Verhaltensweisen deutlich besser durch die Zufriedenheit erklärt werden. Somit verlieren weitere Determinanten der Verhaltensabsichten an Bedeutung. Da die modebewussten Probanden ihre Zufriedenheit vordergründig auf emotionale Faktoren stützen, könnte auch die Entscheidung für ein bestimmtes Verhalten in höherem Maße gefühlsgeleitet und von einer inneren Wahrnehmung der Zufriedenheit beeinflusst sein.

4.7 Implikationen

4.7.1 Implikationen für die Marketingpraxis

Die Ergebnisse der Studie liefern wertvolle Hinweise für die Marketingpraxis. Diese gilt es im Folgenden schrittweise zu erläutern. Es wurde gezeigt, dass die emotionale Reputation eine besondere Bedeutung für das emotionale Erleben und letztlich somit auf Verhaltensweisen im Rahmen des Kaufprozesses hat. Daher ist es von hoher Relevanz für den Aufbau einer starken, sympathischen Marke zu sorgen. Aspekte der Markenpositionierung sollten folglich in den Vordergrund des Markenmanagements gestellt werden. So kann Positionierung nicht nur dabei behilflich sein, das monetäre Ergebnis zu verbessern und ein leistungsstarkes Produkt mit einer hohen Sogwirkung zu erarbeiten. Ihr ist es darüber hinaus möglich, ein positives Image und einen sympathischen Ruf einer, auch auf emotionaler Ebene, starken Marke aufzubauen.[330] Es existieren vielfältige Möglichkeiten, den emotionalen Ruf der Marke und somit letztendlich die Sympathie zu steigern. Hier gilt es die Zielgruppe im Auge zu behalten. Je nachdem könnte beispielsweise soziales Engagement das Wohlwollen der Konsumenten erhöhen. Der Presse kommt in diesem Kontext eine besondere Bedeutung zu. Auch lange am Markt bestehende Marken sind vor der verheerenden Wirkung medialer Negativberichte nicht geschützt. Es empfiehlt sich somit das Reputationsmanagement als Schlüssel für den Unternehmenserfolg zu betrachten und der öffentlichen Wahrnehmung des Unternehmens die nötige Bedeutung beizumessen. Die Gruppenvergleiche zeigten, dass der wahrgenommene Fit insbesondere mit dem Einbezug der funktionalen Reputation, eine besonders starke Wirkung auf die vermuteten Wirkungszusammenhänge hatte. Somit gilt es, funktionale Produktfaktoren, wie ein besonderes Qualitätsniveau, innerhalb der Gestaltung der Ladenflächen beizubehalten. Im Sinne der Konsistenztheorie wäre sonst eine Abwertung der Marke möglich. Qualitätsprodukte sollten somit in einem Einkaufsumfeld zum Verkauf stehen, das hochwertig erscheint, kompetente gepflegte Mitarbeiter beschäftigt und eine angenehme Atmosphäre bereitstellt. Weiterhin werden ab einem gewissen Preisniveau besondere Serviceleistungen erwartet. Beispielsweise ein unkomplizierter Umtausch bei Komplikationen, persönliche Beratung oder Annehmlichkeiten, wie die Bereitstellung von Getränken innerhalb der Läden. Einen weiteren Faktor stellt die Lage der Einkaufsstätte dar, die entsprechend der qualitativen Positionierung exponiert und gut zugänglich sein sollte.

Das Konstrukt „Arousal" zeigte in der vorliegenden Studie als Interaktionsterm und in direktem Bezug auf die Zufriedenheit keine Wirkung. Wie in Kapitel 4.6 erläutert, wird die Begründung dieses Umstands in der Existenz eines optimalen Aktivierungsniveaus vermutet. Die Ergebnisse zeigen die Möglichkeit, Aktivierung durch ein ansprechendes Einkaufsumfeld und die emotionale Reputationsebene zu erreichen. Durch eine genaue Kundenanalyse könnte untersucht werden, in welcher Art durch die Sympathie der Marke und das Einkaufsumfeld optimale Aktivierungsniveaus bei den Konsumenten erreicht werden könnten. Es existieren bereits Studien zu Düften und Lichterverhältnissen in Läden, die auf solche Möglichkeiten hindeuten. Auch könnte eine Mitarbeiterschulung hinsichtlich einer optimalen aktivierenden Wirkung auf die

[330] Vgl. Sawtschenko (2005), S. 35.

Kunden Wirkung zeigen. Hier gilt es allerdings kulturbedingt zu differenzieren und länderspezifische Distanzniveaus zu respektieren. An dieser Stellte sollte die hohe Bedeutung der Ladenfläche nochmals betont werden. Sowohl auf die Aktivierung als auch auf das empfundene Vergnügen der Probanden zeigte die Evaluation des Einkaufsumfeldes und somit die persönliche Bewertung die stärkste Wirkung. Es lohnt sich folglich in ein optimales Ladenkonzept zu investieren, das dem globalen Auftritt der Marke entspricht. Trotz der großen Konkurrenz durch die unerschöpflichen Einkaufswelten im World Wide Web scheint das Erlebnis des Einkaufens somit nicht an Bedeutung verloren zu haben. Die hohe Relevanz der betonten Übereinstimmung von Marken- und Storekonzept konnte in der Studie eindeutig nachgewiesen werden. Sowohl auf funktionaler als auch auf emotionaler Ebene war ein konsistenter Auftritt für den Einfluss auf den Wirkungszusammenhang von Zufriedenheit der Kunden und den Verhaltensintentionen von signifikant positiver Wirkung. Diese bestimmen letztlich den wirtschaftlichen Erfolg einer Unternehmung und sollten somit als Zielkonstrukte behandelt werden. Die höhere Gewichtung der Zufriedenheit auf die Verhaltensintentionen bedeutet, dass andere Faktoren an Relevanz verlieren und somit ein Fokus auf die Zufriedenheit innerhalb der Marketingpraxis gelegt werden kann. Im Sinne der Konsistenz ist es folglich von höchster Bedeutung, einen einheitlichen Markenauftritt zu generieren, um ein glaubhaftes Bild der Marke in der Öffentlichkeit zu zeichnen. Auch bei Probanden, die sich selbst als besonders modebewusst einschätzten war das Phänomen einer stärkeren Wirkung der Zufriedenheit auf die emotionsgeleiteten Verhaltensintentionen beobachtbar. Es lohnt sich somit in die Akquisition anspruchsvoller Kundengruppen zu investieren. Wie in Kapitel 3.5.3 beschrieben, kann dies durch eine klare Sortimentsfokussierung unter Verzicht einer breit gefächerten Kundenansprache erfolgen. Außerdem legen modebewusste Kunden Wert auf Fachberatung und somit geschultes Personal. Dies zeigt sich in ihrer Präferenz für Fachgeschäfte und Boutiquen mit entsprechender Beratung.[331] Weiterhin stellt sich die emotionale Reputation als weitaus bedeutungsvoller für die Markenwahrnehmung im Vergleich zu funktionalen Aspekten heraus. Hier sollte jedoch nicht der Trugschluss gezogen werden, dass modebewusste Kunden Bereitschaft zeigen auf Qualitätsaspekte zu verzichten. Vielmehr ist zu vermuten, dass sie Qualität als notwendiges Basiselement betrachten, um eine Marke sympathisch zu finden. Letztendlich sollte allerdings ein Fokus auf die emotionale Ansprache gelegt werden.

[331] Vgl. Barth/Hartman/Schröder (2007), S. 148.

4.7.2 Implikationen für die Marketingforschung

Die Resultate der durchgeführten Befragung liefern auch für die Marketingforschung interessante Ergebnisse, die wiederum weiteren Forschungsbedarf verdeutlichen. Zunächst ist die zentrale Erkenntnis der Studie festzuhalten, dass die affektive Reputation im Vergleich zur funktionalen für das emotionale Markenerleben die größere Bedeutung zu haben scheint. Hier ist die Forschung gefragt aufzudecken, wie der emotionale Ruf einer Marke und damit Sympathie entsteht. Außerdem scheint es interessant, inwieweit sich funktionaler und affektiver Ruf gegenseitig bedingen. Hier stellt sich die Frage, ob der Aufbau einer sympathischen Marke möglich ist, wenn sie funktional für mangelnde Qualität oder überhöhte Preise steht. Allgemein anerkannte Reputationsmessinstrumente behandeln die genannten Dimensionen als separate Phänomene. Eine Untersuchung der vermuteten Interdependenzen könnte dem Verständnis über die Entstehung einer globalen Unternehmensreputation dienlich sein.

Die Untersuchung hat weiterhin gezeigt, dass der Einfluss von „Arousal“ sowohl direkt auf die Zufriedenheit, als auch indirekt auf den Wirkungszusammenhang von Vergnügen und Zufriedenheit nicht nachgewiesen werden konnte. Hier könnte die Forschung ansetzen und nach einem optimalen Aktivierungslevel forschen. Außerdem gilt es herauszufinden, welche Faktoren dieses Aktivierungslevel positiv beeinflussen. Tests im Zusammenhang mit der Ladengestaltung und des Mitarbeiterverhaltens könnten von Interesse sein. Beispielsweise wäre zu untersuchen, ab wann ein motivierter Mitarbeiter, dem grundsätzlich eine positive Aktivierungswirkung zugeschrieben wird, zu aufdringlich ist und damit lästig erscheint. Allgemein lässt sich für Studien im Zusammenhang mit „Arousal“ festhalten, dass eine Modifikation der Skala nach *Mehrabian* und *Russell* notwendig ist, wenn nur eine positive Aktivierung der Probanden festgehalten werden soll, da einige hochaktivierende Skalenendpunkte negative Assoziationen eines unruhigen Zustandes hervorrufen. Hier könnte es sich als nützlich erweisen, die Befragung mit Items energetischer Aktivierung zu wiederholen. Diese Art der Aktivierung wird mit einer grundsätzlich positiven Stimmungslage in Verbindung gebracht. Die energetische Dimension der „Activation-Deactivation Adjective Checklist“ nach *Thayer* könnte dazu einen Ansatz bieten.[332] Eine weitere Möglichkeit besteht in einer Umwandlung der vorgestellten „Arousal Skala“. In einem ersten Schritt wären die jeweils als optimal empfundenen Aktivierungszustände in Bezug auf die einzelnen Items zu ermitteln. Daraufhin müssten diese entsprechend

[332] Vgl. Edegger (2008), S. 100 f.

benannt werden, um sie als neue Extrempunkte in die bestehende Skala zu integrieren. Weiterhin sind die Ergebnisse der Gruppenvergleiche von hoher Bedeutung. Die Wirkung der empfundenen Zufriedenheit auf die Verhaltensintentionen war sowohl bei beiden „High Fit Gruppen" (Fit Affektive/Funktionale Reputation und Einkaufsumfeld) als auch bei den modebewussten Kunden signifikant höher ausgeprägt. Auffallend war weiterhin, dass die funktionale Reputation auf die Zufriedenheit für die Gruppen mit hoher Ausprägung der jeweiligen Moderationsvariablen keinen nachweisbaren Einfluss hatte. Die Frage nach Emotion über Funktion ist somit für die genannten Probandengruppen noch stärker zu bestätigen. Es gilt in diesem Zusammenhang zu untersuchen, inwieweit die jeweiligen Gruppen Gemeinsamkeiten aufweisen und warum sie sich eher von emotionalen Faktoren leiten lassen. Einen Anhaltspunkt könnte die positive Wirkung bieten, die von einem konsistenten und somit glaubwürdigen Auftritt auf die wahrgenommene Markenauthentizität ausgeht. Eine als glaubwürdig und authentisch angesehene Marke wird gemeinhin mehr Vertrauen entgegengebracht. Dieses Vertrauen steht weiterhin mit Markenpräferenz in einem stark positiv korrelierten Verhältnis. Forscher wie *Beverland* integrieren den konsistenten Auftritt in das Konzept der „Brand Authenticity".[333] Durch die Einbindung dieses noch relativ wenig untersuchten Konstrukts in die vorgestellten Modellüberlegungen ist es denkbar, weitere wertvolle Erkenntnisse für die Konsumentenforschung zu gewinnen.

Im Rahmen der Gruppenvergleichsuntersuchung konnte außerdem beobachtet werden, dass die Untersuchung unter Einbezug der funktionalen Reputation stärkere Unterschiede zwischen den jeweiligen Gruppen aufwies als der Gruppenvergleich, bei dem die emotionale Reputation involviert war. Hier gilt es zu untersuchen, woran Probanden einen positiven funktionalen bzw. emotionalen Fit ausmachen. An dieser Stelle sei noch einmal vermerkt, dass die Hypothesen, die auf der Konsistenztheorie basierten alle bestätigt werden konnten. Für weitergehende Forschungsarbeiten scheint es somit vorteilhaft, Vermutungen auf der Basis dieser Theorie zu entwickeln. Während sich Konsistenztheorien jedoch stark auf die negative Wirkung von Inkonsistenzen konzentrieren, könnten weitere Forschungsansätze verstärkt die positive Wirkung eines konsistenten Auftritts untersuchen.

[333] Vgl. Beverland (2005), S. 1020 f.

5 Schlussbetrachtung und Ausblick

Das Forschungsziel der vorliegenden Studie bestand darin, die Wirkung der affektiven und funktionalen Reputation auf das emotionale Markenerleben differenziert zu betrachten und daraufhin Schlüsse für die Marketingpraxis und Forschung ziehen zu können. Die Untersuchung anhand des Untersuchungsobjekts „Abercrombie & Fitch" führte zu interessanten Ergebnissen, aus denen für die Marketingpraxis Optimierungsmöglichkeiten aufgezeigt und weitere Fragen für die Marketingforschung offen gelegt wurden.

Die zentrale Erkenntnis der vorliegenden Studie besteht in der eingeschränkten Bestätigung der Frage nach „Feelings over Reasoning?". Tatsächlich wies die emotionale im Gegensatz zur funktionalen Reputation eine signifikante Wirkung auf die Dimensionen der emotionalen Reaktion auf, wohingegen ein Einfluss der funktionalen Reputation nicht verzeichnet wurde. Dies verdeutlicht die Bedeutung einer starken Markenpositionierung. Das Einkaufsumfeld wies die stärkste Wirkung auf beide Dimensionen der emotionalen Reaktion auf. Unternehmen sollten somit für den Kunden ein optimales Einkaufserlebnis schaffen. Dazu stellen neben Design- und Imagefaktoren auch die Atmosphäre und das Mitarbeiterverhalten wichtige Faktoren dar. Von den Dimensionen der emotionalen Reaktion zeigte nur „Pleasure" einen signifikanten Effekt auf die Zufriedenheit. Weiterhin wirkten die beiden Arten der Reputation nachweisbar auf die antizipierte Zufriedenheit. Für die Marketingpraxis lässt sich bzgl. der Aktivierung eher ein optimales Verhältnis an Stelle eines rein positiven Zusammenhangs bei steigender Ausprägung vermuten.

Auch die Untersuchung von „Arousal" als Interaktionsterm auf den Wirkungszusammenhang von „Pleasure" und „Zufriedenheit" konnte nicht bestätigt werden und stützt somit diese Überlegungen. Durch die direkte signifikante Wirkung der Reputationsdimensionen auf die antizipierte Zufriedenheit bleibt festzuhalten, dass sich jede Unternehmung mit ihrem Reputationsmanagement befassen sollte und sich eine Optimierung sowohl des funktionalen als auch des affektiven Rufs in der Gesellschaft auszahlt. Die Zufriedenheit zeigte eine sehr hohe, signifikante Wirkung auf die Kaufabsicht, die Kundenloyalität und die Word of Mouth Intention. Die Beeinflussung der Verhaltensvariablen verdeutlicht die Relevanz des vorgelagerten Konstrukts „Zufriedenheit" für die Praxis. Weiterhin konnte durch die Gruppenvergleiche ein besonderer Stellenwert des konsistenten Markenauftritts und des Modebewusstseins der Konsumenten aufgedeckt werden. Bei an Mode interessierten Probanden und solchen, die den Zusammenhang der jeweiligen Reputation und des Einkaufsumfeldes als passend empfanden, zeigte sich eine deutlich höhere Wirkung der Zufriedenheit auf die Verhaltensvariablen. Somit erschließt sich auch eine ökonomische Relevanz der genannten Gruppen. Für die Marketingpraxis empfehlen sich folglich, die zielgruppengenaue harmonische Ausrichtung der Marke, die sich auch im Kundenerleben des Einkaufsumfeldes widerspiegelt und die Ansprache modebewusster Kunden. Letzteres beispielsweise durch ein auf die gesteigerten Kundenansprüche angepasstes Storekonzept.

Für die Forschung konnten im vorangegangenen Kapitel zahlreiche Implikationen verdeutlicht werden. Hierbei wurden vor allem Fragen der Reputationsforschung, der Aktivierungstheorie und eine weitergehende Untersuchung des Einkaufsumfeldes angesprochen. Es ist zu erwarten, dass diese Faktoren auch in Zukunft nicht an Relevanz verlieren werden. Die Thematik der Reputation stellt für Unternehmen einen intangiblen Wert dar, der in Zeiten sich angleichender Produkte zunehmend an Bedeutung gewinnt. Verstärkt wird diese Entwicklung dadurch, dass harte Kennziffern für die Unternehmenssteuerung an Substanz verlieren und somit auf nicht materielle Faktoren zurückgegriffen wird, die als erfolgskritischer angesehen werden.[334] Trotz steigender Bedeutung des Erwerbs von Artikeln über Online-Stores ist gleichermaßen für die vorgestellten Faktoren des Einkaufsumfeldes auch in Zukunft Relevanz zu vermuten. Kunden, die fachkundige Beratung, einen guten Kundenservice oder ein besonderes Einkaufserlebnis erwarten, werden auch zukünftig reale Läden virtuellen Shops vorziehen.[335] Es lässt sich somit insbesondere für die Kundengruppen, die auf emotionaler Ebene angesprochen werden möchten und solchen mit einem gesteigerten Wunsch nach fachkundiger Beratung, eine hohe Bedeutung des Einkaufsumfeldes vermuten. Insgesamt ergeben sich folglich für das Reputationsmanagement, die Markenpositionierung und die Gestaltung des Einkaufsumfeldes praxisorientierte Ergebnisse, die darüber hinaus weitergehenden Forschungsbedarf aufzeigen.

[334] Vgl. Helm (2007), S. 5.
[335] Vgl. Wengler (2005), S. 107.

LITERATURVERZEICHNIS

Abercrombie & Fitch (2013): www.abercrombie.com, Letzter Aufruf: 15.05.2013.

Albrecht, Carmen-Maria (2009): Einkaufsstress: Messung, Determinanten und Konsequenzen, Wiesbaden.

Anderson, Eugene W. (1998): Customer Satisfaction and Word of Mouth, in: Journal of Service Research, Vol. 1, No. 1, S. 5-17.

Argenti, Paul A.; Druckenmiller, Bob (2004): Reputation and the Corporate Brand, in: Corporate Reputation Review, Vol. 6, No. 4, S. 368-374.

Bao, Yeqing; Zheng Zhou, Kevin; Su, Chenting (2003): Face Consciousness and Risk Aversion: Do They Affect Consumer Decision-Making?, in: Psychology & Marketing, Vol. 20, Iss. 8, S. 733-755.

Barth, Klaus; Hartmann, Michaela; Schröder, Hendrik (2007): Betriebswirtschaftslehre des Handels, Wiesbaden.

Batra, Rajeev; Ray, Michael L. (1986): Affective Responses Mediating Acceptance of Advertising, in: Journal of Consumer Research, Vol. 13, Nr. 2, S. 234-249.

Bauer, Hans H.; Heinrich, Dirk; Martin, Isabel (2007): How to Create High Emotional Consumer-Brand Relationships? The Causalities of Brand Passion, in: The 2007 Australian and New Zealand Marketing Academy (ANZMAC) Conference Proceedings, Dunedin, S. 2189-2198.

Bauer, Hans H.; Heinrich, Dirk; Samak, Michael (2011): Erlebniskommunikation: Erfolgsfaktoren für die Marketingpraxis, Heidelberg.

Baumeister, Roy F.; Bushmann, Brad J. (2011): Social Psychology and Human Nature, Belmont.

Baumgarth, Carsten (2008): Markenpolitik – Markenwirkung – Markenführung – Markencontrolling, Wiesbaden.

Berlyne, Daniel E. (1960): Conflict, Arousal, and Curiosity, New York.

Bernard, Ursin (2006): Leistungsvergütung: Direkte und indirekte Effekte der Gestaltungsparameter auf die Motivation, Wiesbaden.

Beverland, Michael B. (2005): Crafting Brand Authenticity: The Case of Luxury Wines, in: Journal of Management Studies, Vol. 42, Iss. 5, S. 1003–1029.

Biehl-Missal, Brigitte (2011): Wirtschaftsästhetik: Wie Unternehmen die Kunst als Inspiration und Werkzeug nutzen, Wiesbaden.

Bosch, Christian; Schiel, Stefan; Winder, Thomas (2006): Emotionen im Marketing Verstehen – Messen – Nutzen, Wiesbaden.

Brosius, Hans-Bernd; Haas, Alexander; Koschel, Friederike (2012): Methoden der empirischen Kommunikationsforschung, Heidelberg.

Bültel, Nadine (2011): Starmanager: Medienprominenz, Reputation und Vergütung von Top-Managern, Wiesbaden.

Christophersen, Timo; Grape, Christian (2006): Die Erfassung latenter Konstrukte mit Hilfe formativer und reflektiver Messmodelle, in: Albers, Sönke; Klapper, Daniel; Konradt, Udo; Walter, Achim; Wolf, Joachim (Hrsg.): Methodik der empirischen Forschung, Wiesbaden, S. 115-136.

Church, Allan H. (1993): Estimating the Effect of Incentives on Mail Survey Response Rates: A Meta-Analysis, in: Public Opinion Quarterly, Vol. 57, Nr. 1, S. 62-79.

Cudic, Jasna (2012): Produkthaltbarkeit im strategischen Marketing: Eine empirische Analyse, Lohmar.

Crowley, Ayn E. (1993): The two-dimensional impact of color on shopping, in: Marketing Letters, Vol. 4, Iss. 1, S. 59-69.

Dannenberg, Marius; Barthel, Sascha (2002): Effiziente Marktforschung, Bonn.

Decker, Reinhold; Wagner, Ralf (2002): Marketingforschung: Methoden und Modelle zur Bestimmung des Käuferverhaltens, München.

Dettmer, Harald (2005): Managementformen im Tourismus, München.

Diamantopoulos, Adamantios (1999): Viewpoint Export performance measurement: reflective versus formative indicators, in: International Marketing Review, Vol. 16, Nr. 6, S. 444-457.

Diamantopoulo, Adamantios; Riefler, Petra; Roth, Katharina P. (2008): Advancing formative measurement models, in: Journal of Business Research, Vol. 61, Iss. 12, S. 1203-1218.

Diehl, Sandra (2009): Reale und Mediale Produkterfahrungen: Analyse und Vergleich der Wirkungen von Experience- und Cross-Media-Marketingmaßnahmen, Wiesbaden.

Donovan, Robert J.; Rossiter, John R.; Marcoolyn, Gilian; Nesdale, Andrew (1993): Store atmosphere and purchasing behavior, in: Journal of Retailing, Vol. 70, Iss. 3, S. 283-294.

Doorley, John; Garcia, Helio Fred (2010): Reputation Management: The Key to Successful Public Relations and Corporate Communication, New York.

Douven, Salima S. (2009): Markenwirkungen in der Automobilzulieferindustrie, Wiesbaden.

Drengner, Jan (2006): Imagewirkungen von Eventmarketing: Entwicklung eines ganzheitlichen Messansatzes, Wiesbaden.

Dressler, Matthias (2008): Zentrale Marketing-Aspekte in Public Health-Care: Word-of-Mouth (WOM) als Kommunikationsinstrument und die Akzeptanz der erweiterten Tarifwahl, Wiesbaden.

Driessen, Claire E. (2005): Message Communication in Advertising: Selling the Abercrombie and Fitch Image, in: UW-L Journal of Undergraduate Research VIII, S. 1-12.

Dudzik, Thade (2006): Die Werbewirkung von Sportsponsoring, Wiesbaden.

Eckardt, Lisa (2011): Designsprünge als Instrument des Marketings: Eine empirische Analyse der Determinanten und Erfolgsauswirkungen, Lohmar.

Edegger, Francika (2008): Persuasive Gaming als ein neuer Weg zur Beeinflussung von Denken und Handeln, Wiesbaden.

Einwiller, Sabine (2003): Vertrauen durch Reputation im elektronischen Handel, Wiesbaden.

Eisenegger, Mark; Imhof, Kurt (2009): Funktionale, soziale und expressive Reputation: Grundzüge einer Reputationstheorie, in: Röttger, Ulrike (Hrsg.): Theorien der Public Relations: Grundlagen und Perspektiven der PR-Forschung, Wiesbaden, S. 243-264.

Eisenegger, Mark; Schranz, Mario (2011): CSR – Moralisierung des Reputationsmanagements, in: Raupp, Juliana; Jarolimek, Stefan; Schultz, Friederike (Hrsg.): Handbuch CSR: Kommunikationswissenschaftliche Grundlagen, disziplinäre Zugänge und methodische Herausforderungen, Wiesbaden, S. 71-97.

Enke, Margit; Geigenmüller, Anja (2011): Commodity Marketing: Grundlagen – Besonderheiten – Erfahrungen , Wiesbaden.

Ettinger, Andreas (2010): Auswirkungen von Einkaufsconvenience, Frankfurt am Main.

Faullant, Rita (2007): Psychologische Determinanten der Kundenzufriedenheit: Der Einfluss von Emotionen und Persönlichkeit, Wiesbaden.

Feinberg, Richard A.; Mataro, Lisa; Burroughs, W. Jeffrey (1992): Clothing and Social Identity, in: Clothing and Textiles Research Journal, Vol. 11, Nr. 1, S. 18-23.

Festinger, Leon (1957): A Theory of Cognitive Dissonance, Standford.

Fioroni, Michele; Titterton, Gary (2009): Brand Storming: Managing Brands in the Era of Complexity, Hampshire.

Fombrun, Charles J. (1996): Reputation: Realizing Value from the Corporate Image, Boston.

Förstl, Hans; Hautzinger, Martin; Roth, Gerhard (2006): Neurobiologie Psychischer Störungen, Heidelberg.

Foscht, Thomas; Swoboda, Bernhard (2007): Käuferverhalten: Grundlagen – Perspektiven – Anwendungen, Wiesbaden.

Frey, Dieter; Greif, Siegfried (1997): Sozialpsychologie: Ein Handbuch in Schlüsselbegriffen, Weinheim.

Fuchs, Stefan (2009): Spielfilme im Fernsehen: Zuschauerprognose und monetäre Bewertung von Senderechten, Lohmar.

Greyser, Stephen A. (1999): Advancing and Enhancing Corporate Reputation, in: Corpotate Communications: An international Journal, Vol. 4, Nr. 4, S. 117-181.

Griffiths, Paul E. (1997): What Emotions really are, Chicago.

Grigoroudis, Evangelos; Siskos, Yannis (2010): Customer Satisfaction Evaluation: Methods for Measuring and Implementing Service Quality, London.

Groeger, Lars (2011): Soziale Epidemien: Das Phänomen exponentieller Produktverbreitung: Bezugsrahmen und resultierende Handlungsempfehlungen, Köln.

Gröppel-Klein, Andrea; Baun, Dorothea (2001): Stadtimage und Stadtidentifikation, in: Tscheulin, Dieter K.; Helmig, Bernd (Hrsg.): Branchenspezifisches Marketing: Grundlagen – Besonderheiten – Gemeinsamkeiten, Wiesbaden, S. 351-373.

Häder, Michael (2010): Empirische Sozialforschung: Eine Einführung, Wiesbaden.

Hannington, Terry (2012): How to Measure and Manage Your Corporate Reputation, Burlington.

Härtel, Charmine E. J.; Zerbe, Wilfred J.; Ashkanasy, Neal M. (2005): Emotions in Organizational Behavior, Mahwah.

Häuserl, Hans-Georg (2012): Neuromarketing: Erkenntnisse der Hirnforschung für Markenführung, Werbung und Verkauf, Freiburg.

Havlena, William J.; Holbrook, Morris B. (1986): The Varieties of Consumption Experience: Comparing Two Typologies of Emotion in Consumer Behavior, in: Journal of Consumer Research, Vol. 13, Nr. 3, S. 394-404.

Heidenreich, Sven; Huber, Frank; Vogel, Johannes (2008): Flatrates und die Faszination des grenzenlosen Konsums: Eine empirische Studie in der Mobilfunkbranche, Wiesbaden.

Heider, Fritz (1958): The psychology of interpersonal relations, New Jersey.

Heitmann, Mark (2007): Entscheidungszufriedenheit: Grundidee, theoretisches Konzept und empirische Befunde, Wiesbaden.

Hellrung, Ina (2012): Das Kaufverhalten in Lebensmittelhandel: Auswirkungen von Einkaufswegen und Aufenthaltsdauer, Hamburg.

Helm, Roland (2009): Marketing, Stuttgart.

Helm, Sabrina (2007): Unternehmensreputation und Stakeholder-Loyalität, Wiesbaden.

Henseler, Jörg; Ringle, Christian M.; Sinkovics, Rudolf R. (2009): The use of partial least squares path modeling in international marketing, in: Sinkovics, Rudolf R.; Ghauri, Pervez N. (Hrsg.): Advances in International Marketing, Bingley, S. 277-319.

Herrmann, Steffen (2008): Wirkungspotenzial des Corporate Sustainability Brandings: Konzeptionelle Analyse der Bedeutung von CSR-orientiertem Corporate Branding für Unternehmensreputation und Präferenzbildung, in: Klante, Oliver (Hrsg.): Aktuelle Perspektiven des Marketingmanagements: Reflexionen aus den Bereichen Holistic Branding, Media Management und Sustainability Marketing, Wiesbaden, S. 347-367.

Herrmann, Andreas; Stefanides, Julia (2011): Wechselspiel zwischen emotionalem und kognitivem Markenerlebnis – Ergebnisse und Implikationen einer Studie, in: Bruhn, Manfred; Köhler, Richard (Hrsg.): Wie Marken wirken: Impulse aus der Neuroökonomie für die Markenführung, München, S. 131-145.

Hoffmann, Stefan (2008): Boykottpartizipation: Entwicklung und Validierung eines Erklärungsmodells durch ein vollständig integriertes Forschungsdesign, Wiesbaden.

Holtfort, Thomas (2010): Emotionsökonomie: Der Faktor Mensch im Finanzdienstleistungssektor, Lohmar.

Hölzing, Jörg A. (2008): Die Kano-Theorie der Kundenzufriedenheitsmessung: Eine theoretische und empirische Überprüfung, Wiesbaden.

Homburg, Christian; Giering, Annette (2001): Customer Satisfaction and Loyality: An empirical Analysis, in: Psychology & Marketing, Vol. 18, Iss. 1, S. 43-66.

Huber, Frank; Hamprecht, Julia; Heise, Marc (2012): In-Game Advertising erfolgreich platzieren: Eine empirische Untersuchung in der Konsumgüterbranche, Lohmar.

Huber, Frank; Hermann, Andreas; Meyer, Frederik; Vogel, Johannes; Vollhardt, Kai (2008): Kausalmodellierung mit Partial Least Squares: Eine anwendungsorientierte Einführung, Wiesbaden.

Huber, Frank; Krönung, Svenia; Meyer, Frederik, Vollmann, Stefan (2011): Akzeptanz von Bewertungsportalen als Basis von Electronic Word-of-Mouth: Eine empirische Studie zur interpersonellen Kommunikation im Web 2.0, Lohmar.

Huber, Frank; Lenzen, Michael; Vizethum, Sophie; Weißhaar, Isabelle (2013): Erlebnis-Shopping Concept Stores: Eine empirische Analyse des Einkaufserlebnisses durch Lifestyle und Atmosphäre, Lohmar.

Huber, Frank; Matthes, Isabel; Stenneken, Nadine (2008): Unternehmens-Podcasting: Eine empirische Analyse ausgewählter Erfolgsfaktoren, Wiesbaden.

Huber, Frank; Meyer, Frederik; Gluth, Oliver (2012): Mitgliederbindung an Social Network Sites: Eine empirische Analyse zur Aufdeckung von Nutzermotiven, Lohmar.

Huber, Frank; Meyer, Frederik; Nachtigall, Corinna (2009): Guerilla-Marketing als kreative Werbeform: Eine empirische Analyse am Beispiel der Marke MINI, Lohmar.

Huber, Frank; Meyer, Frederik; Vogel, Johannes; Zimmermann, Julia (2009): Co-Branding als Konzept zur Stärkung von Marken – Eine empirische Analyse im Konsumgütermarkt, Lohmar.

Huber, Frank; Meyer, Frederik; Weihrauch, Andrea (2012): Guerilla-Marketing-Aktionen, in: Bauer, Hans H.; Heinrich, Dirk; Samak, Michael (Hrsg.): Erlebniskommunikation: Erfolgsfaktoren für die Marketingpraxis, Heidelberg, S. 151-171.

Huber, Frank; Meyer, Frederik; Wilhelmi, Sabine; Schäfer, Marc (2009): Phänomen Markenarchitektur: Eine empirische Studie zur Stärkung von Produktmarken im Konsumgüterbereich, Lohmar.

Huber, Frank; Regier, Stefanie; Rinino, Maxime (2008): Cause-Related-Marketing-Kampagnen erfolgreich konzipieren: Eine empirische Studie, Wiesbaden.

Huber, Frank; Regier, Stefanie; Schikofsky, Jan (2009): Neue Dimensionen für die Markenführung: Management von Modemarken in virtuellen Welten, Lohmar.

Huber, Frank; Riewe, Katharina; Matthes, Isabel; Vogel, Johannes (2010): Markenexpansion erfolgreich gestalten: Ein empirischer Vergleich von Markenlizensierung und Co-Branding am Beispiel einer Modemarke, Lohmar.

Huber, Frank; Vogel, Johannes; Meyer, Frederik; Binar, Bernd (2009): Marken mit In-Game Advertising emotionalisieren: Eine empirische Analyse des Shootingstars der Werbebranche, Lohmar.

Hülshoff, Thomas (2006): Emotionen, München.

Hultén, Bertil; Broweus, Niklas; van Dijk, Marcus (2009): Sensory Marketing, London.

Hunstiger, Gabriele (2011): Strategische Markenführung bis an den Point of Sale, in: Frey, Ulrich D.; Hunstiger, Gabriele; Dräger, Peter (Hrsg.): Shopper-Marketing: Mit Shopper Insights zu effektiver Markenführung bis an den POS, Wiesbaden, S. 67-99.

Hurley-Hanson, Amy E.; Giannantonio, Cristina M. (2006): Recruiters' perceptions of appearance: the stigma of image norms, in: Equal Opportunities International, Vol. 25, Iss. 6, S. 450-463.

James, Jeannine M.; Bolstein, Richard (1990): The Effect of Monetary Incentives and Follow-Up Mailings on the Response Rate and Response Quality in Mail Surveys, in: Public Opinion Quarterly, Vol. 54, Nr. 3, S. 346-361.

Jaritz, Sabine (2008): Kundenbindung und Involvement: Eine empirische Analyse unter besonderer Berücksichtigung von Low Involvement, Wiesbaden.

Jedrowiak, Julia (2008): Die Wahl der Preislagen durch Konsumenten, Stuttgart.

Jones, Michael A.; Reynolds, Kristy E.; Arnold, Mark J. (2006): Hedonic and utilitarian shopping value: Investigating and differential effects on retail outcomes, in: Journal of Business Research, Vol. 59, Iss. 9, S. 974-981.

Kaden, Robert; Linda, Gerald; Levinson, Jay C. (2009): More Guerrilla Marketing Research: Asking the Right People, the Right Questions, the Right Way, and Effectively Using the Answers to Make More Money, London.

Kaltcheva, Velitchka D.; Weitz, Barton A. (2006): When Should a Retailer Create an Exciting Store Environment?, in: Journal of Marketing, Vol. 70, Nr. 1, S. 107-118.

Keiningham, Timothy L.; Vavra, Terry G.; Aksoy, Lerzan; Wallard, Henri (2005): Loyalty Myth – Hyped Strategies that will put you out of Business and proven Tactics that really work, Hobooken.

Kesting, Tobias; Rennhak, Carsten (2008): Marktsegmentierung in der deutschen Unternehmenspraxis, Wiesbaden.

Kirstein, Sandra (2009): Unternehmensreputation: Corporate Social Responsibility als strategische Option für deutsche Automobilhersteller, Wiesbaden.

Klammer, Bernd (2003): Empirische Sozialforschung: Eine Einführung für Kommunikationswissenschaftler und Journalisten, Konstanz.

Kleinginna, Paul R.; Kleinginna, Anne M. (1981): A categorized list of emotion definitions with suggestions for a consensual definition, in: Motivation and Emotion, Vol. 5, Iss. 4, S. 345-379.

Knoblich, Hans; Scharf, Andreas; Schubert, Bernd (2003): Marketing mit Duft, Oldenburg.

Kreutzer, Ralf T. (2010): Praxisorientiertes Marketing: Grundlagen – Instrumente – Fallbeispiele, Wiesbaden.

Kreutzer, Ralf T.; Merkle, Wolfgang (2006): Die neue Macht des Marketing – Wie Sie Ihr Unternehmen mit Emotion, Innovation und Präzision profilieren, Wiesbaden.

Kroeber-Riel, Werner (1990): Konsumentenverhalten 4. Auflage, München.

Kroeber-Riel, Werner; Weinberg, Peter (2003): Konsumentenverhalten 8. Auflage, München.

Kromer, Raphael Carlo (2008): Smart Clothes: Ideengenerierung, Bewertung und Markteinführung, Wiesbaden.

Kullmann, Mathias (2006): Buchungsfristigkeit bei Pauschalreisen: Einflussfaktoren und Steuerung, Wiesbaden.

Kuß, Alfred; Tomczak, Torsten (2007): Käuferverhalten, Stuttgart.

Kutscher, Silvia (2009): Kausalität und Argumentrealisierung: Zur Konstruktionsvarianz bei Psychverben am Beispiel europäischer Sprachen, Tübingen.

Landgraf, Rochus; Huber, Frank; Bartl, Reiner (2006): Patienten als Partner: Möglichkeiten und Einflussfaktoren der Patientenintegration im Gesundheitswesen, Wiesbaden.

Lalwani, Dhwani, Huber, Frank; Meyer, Frederik; Vollmann, Stefan (2010): Mobiles Marketing durch Markenallianzen stärken: Eine empirische Studie zur Identifikation von Erfolgsdeterminanten, Lohmar.

Laroche, Michel; Teng, Lefa; Michon, Richard; Chebar, Jean-Charles (2005): Incorporating service quality into consumer mall shopping decision making: a comparison between English and French Canadian consumers, in: Journal of Services Marketing, Vol. 19, Nr. 3, S. 157-163.

Lee, Byung-Kwan., Lee, Wei-Na (2004): The effect of information overload on consumer choice quality in an online environment, in: Psychology & Marketing, Vol. 21, Iss. 3, S. 159-183.

Leven, Wilfried (2007): Kundenbegeisterungsstrategien als Basis der Store-Brand-Entwicklung, in: Schuckel, Marcus; Toporowski, Waldemar (Hrsg.): Theoretisch fundierte und praktische Relevanz der Handelsforschung, Wiesbaden, S. 301-321.

Linder, Frank (2010): Projektmanagement: Status quo, Gestaltungsfaktoren und Erfolgsdeterminanten des Wissensmanagements in der Projektabwicklung, Berlin.

Lippold, Dirk (2012): Die Marketing-Gleichung: Einführung in das wertorientierte Marketingmanagement, München.

Lohrmann, Kathrin (2008): Langeweile im Unterricht, Münster.

Lotzkat, Lucie (2012): Konkurrenzvorteile am Point-of-Sale: Möglichkeiten der Erfassung, Bewertung und Folgenabschätzung, Göttingen.

MacKenzie, Scott B.; Lutz, Richard J.; Belch, George E. (1986): The Role of Attitude toward the Ad as a Mediator of Advertising Effectiveness: A Test of Competing Explantations, in: Journal of Marketing Research, Vol. 23, Nr. 2, S. 130-143.

Mano, Haim; Oliver, Richard L. (1993): Assessing the Dimensionality and Structure of the Consumption Experience: Evaluation, Feeling, and Satisfaction, in: Journal of Consumer Research, Vol. 20, Nr. 3, S. 451-466.

Martin, Charles L. (1998): Relationship marketing: a high-involvement product attribute approach, in: Journal of Product & Brand Management, Vol. 7, Iss. 1, S. 6-26.

Martin, Isabel (2009): Kundenbindung im beratungsintensiven Einzelhandel: Eine empirische Untersuchung unter besonderer Berücksichtigung von Konsumentenheterogenität, Wiesbaden.

Mattila, Anna; Wirtz, Jochen (2000): The Role of Preconsumption Affect in Postpurchase Evaluation of Services, in: Psychology & Marketing, Vol. 17, Iss. 7, S. 587-605.

Matuschke, Sabrina (2011): Emotionale Bedingungen des Fernstudiums, Hamburg.

Mau, Gunnar (2009): Die Bedeutung von Emotionen beim Besuch von Online-Shops: Messung, Determinanten und Wirkungen, Wiesbaden.

Mayer, Horst Otto (2008): Interview und schriftliche Befragung: Entwicklung Durchführung Auswertung, Oldenburg.

Mehrabian, Albert (1996): Pleasure-Arousal-Dominance: A General Framework for Describing and Measuring Individual Differences in Temperament, in: Current Psychology, Vol. 14, Iss. 4, S. 261-292.

Menges, Jochen; Ebersbach, Lydia (2008): Die Bedeutung von Emotionen und emotionalem Kapital im internen und externen Unternehmenskontext, in: Menges, Jochen; Ebers bach, Lydia; Welling, Christian (Hrsg.): Erfolgsfaktor Emotionales Kapital: Menschen begeistern, Ziele erreichen, Bern, S. 21-45.

Meyer, Frederik (2011): Strafverhalten von Konsumenten: Antezedenzien, Motive und Konsequenzen bei Unternehmensfehlverhalten, Wiesbaden.

Möhring, Wiebke; Schlütz, Daniela (2010): Die Befragung in der Medien- und Kommunikationswissenschaft: Eine praxisorientierte Einführung, Wiesbaden.

Möll, Thorsten (2007): Messung und Wirkung von Markenemotionen: Neuromarketing als neuer verhaltenswissenschaftlicher Ansatz, Wiesbaden.

Müller-Hagedorn, Lothar; Seifert, Bianca (2005): Ladengestaltung mit Feng-Shui?, in: Fröhlich-Glantschnig, Elisabeth (Hrsg.): Marken im Perspektivenwechsel, Heidelberg, S. 287-317.

Nam, Jinhee; Hamlin, Reagan; Jin Gam, Hae; Kang, Ji Hye; Kim, Jiyoung; Kumphai, Pimpawan; Starr, Cathy; Richards, Lynne (2006): The fashion-conscious behaviors of mature female consumers, in: International Journal of Consumer Studies, Vol. 31, Nr. 1, S. 102-108.

Nerdinger, Friedemann W. (2001): Psychologie des persönlichen Verkaufs, München.

Neumann-Ponesch, Silvia; Höller, Alfred (2011): Gefühlsarbeit in Pflege und Betreuung: Sichtbarkeit und Bewertung gelungener Beziehungsarbeit, Wien.

Nicolay, Janet (2012): Sex Sells? – Männliche nackte Reize in der Werbung, Hamburg.

Nitschke, Axel (2006): Event-Marken-Fit und Kommunikationswirkung: Eine Längsschnittbetrachtung am Beispiel der Sponsoren der FIFA Fußballweltmeisterschaft 2006, Wiesbaden.

Nyer, Prashanth U. (1996): The determinants of satisfaction: an experimental verification of the moderating role of ambiguity, in: Advances in Consumer Research, 23. Jg., S. 255-259.

O'Cass, Aron (2004): Fashion clothing consumption: antecedents and consequences of fashion clothing involvement, in: European Journal of Marketing, Vol. 38, Iss. 7, S. 869-882.

Olderog, Torsten (2003): Faktoren des Markterfolges im Online-Handel, Wiesbaden.

Opresnik, Marc Oliver; Rennhak, Carsten (2012): Grundlagen der Allgemeinen Betriebswirtschaftslehre – Eine Einführung aus marketingorientierter Sicht, Wiesbaden.

O'Shaughnessy, John; Jackson O'Shaughnessy, Nicholas (2003): The Marketing Power of Emotions, New York.

Panten, Gregor; Thies, Silvia (2006): Analyse kausaler Wirkungszusammenhänge mit Hilfe von Partial Least Squares (PLS), in: Albers, Sönke; Klapper, Daniel; Konradt, Udo; Walter, Achim; Wolf, Joachim (Hrsg.): Methodik der empirischen Forschung, Wiesbaden, S. 311-328.

Peter, J. Paul; Nord, Walter R. (1982): A Clarification and Extension of Operant Conditioning Principles in Marketing, in: Journal of Marketing, Vol. 46, Nr. 3, S. 102-107.

Plutchik, Robert (1991): The Emotions, Lanham.

Porst, Rolf (2011): Fragebogen – Ein Arbeitsbuch, Wiesbaden.

Preissner, Andreas (2008): Marketing auf den Punkt, München.

Pürer, Heinz (2003): Publizistik- und Kommunikationswissenschaft – Ein Handbuch, Konstanz.

Ratneshwar, S.; Mick, David Glen; Huffman, Cynthia (2000): The Why of Consumption: Contemporary Perspectives on Consumer Motives, Goals and Desires, Abingdon.

Radic, Dubravko; Posselt, Thorsten (2009): Word-of-Mouth Kommunikation, in: Bruhn, Manfred; Esch, Franz-Rudolf; Langner, Tobias (Hrsg.): Handbuch Kommunikation, Wiesbaden, S. 249-267.

Regier, Stefanie (2007): Markterfolg radikaler Innovationen: Determinanten des Akzeptanzverhaltens, Wiesbaden.

Reinders, Heinz (2011): Fragebogen, in: Reinders, Heinz; Ditton, Hartmut; Gräsel, Cornelia; Gniewosz, Burkhard (Hrsg.): Empirische Bildungsforschung: Strukturen und Methoden, Wiesbaden, S. 53-67.

Ripperger, Tanja (2003): Ökonomik des Vertrauens, Tübingen.

Rothgangel, Simone (2004): Kurzlehrbuch Medizinische Psychologie und Soziologie, Stuttgart.

Röttger-Rössler, Birgitt (2004): Die kulturelle Modellierung des Gefühls: Ein Beitrag zur Theorie und Methodik ethnologischer Emotionsforschung anhand indonesischer Fallstudien, Münster.

Russell, James A.; Weiss, Anna; Mendelsohn, Gerald A. (1989): Affect Grid: A Single-Item Scale of Pleasure and Arousal, in: Journal of Personality & Social Psychology, Vol. 57, Nr. 3, S. 493-502.

Sawtschenko, Peter (2005): Positionierung – das erfolgreichste Marketing auf unserem Planeten: Das Praxisbuch für ungewöhnliche Markterfolge, Offenbach.

Schäfer, Christian (2011): Patientencompliance – Messung, Typologie, Erfolgsfaktoren: Durch verbesserte Therapietreue Effizienzreserven ausschöpfen, Wiesbaden.

Schenk, Hans-Otto (2007): Psychologie im Handel: Entscheidungsgrundlagen für das Handelsmarketing, München.

Schleer, Christoph (2011):Wahrgenommene Unerhörtheit unethischer Marketingmaßnahmen: Determinanten und Konsequenzen , Berlin.

Schranz, Mario (2007): Wirtschaft zwischen Profit und Moral: Die gesellschaftliche Verantwortung von Unternehmen im Rahmen der öffentlichen Kommunikation, Wiesbaden.

Schulze, Jens (2002): CRM erfolgreich einführen, Heidelberg.

Schwaiger, Manfred (2008): Bedeutung und Wirkung des Kunst- und Kultursponsorings, in: Bagusat, Ariane; Marwitz, Christian; Vogl, Maria (Hrsg.): Handbuch Sponsoring: Erfolgreiche Marketing- und Markenkommunikation, Berlin, S. 113-125.

Schwarz, Andreas (2011): Krisen-PR aus Sicht der Stakeholder: Der Einfluss von Ursachen- und Verantwortungszuschreibungen auf die Reputation von Organisationen, Wiesbaden.

Schweizer, Markus (2005): Consumer Confusion im Handel: Ein Umweltpsychologisches Erklärungsmodell, Wiesbaden.

Seemann, Ralph (2008): Corporate Reputation Management durch Corporate Communications, Göttingen.

Seock, Yoo.-Kyoung; Chen-Yu, Jessie H. (2007): Website evaluation criteria among US college student consumers with different shopping orientations and Internet channel usage, in: International Journal of Consumer Studies, Vol. 31, Iss. 3, S. 204-212.

Sherman, Elaine; Mathur, Anil; Smith, Ruth B. (1998): Store Environment and Consumer Purchase Behavior: Mediating Role of Consumer Emotions, in: Psychology & Marketing, Vol. 14, Iss. 4, S. 361-378.

Sieglerschmidt, Sebastian (2008): Werbung im thematisch passenden Medienkontext: Theoretische Grundlagen und empirische Befunde am Beispiel von Fernsehwerbung, Wiesbaden.

Simon, Herrmann; Fastnacht, Martin (2009): Preismanagement, Wiesbaden.

Slavik, Angelika (2012): Marketingstrategie von Abercrombie & Fitch, http://www.sueddeutsche.de/stil/marketing-strategie-von-abercrombie-fitch-sie-sollen-jung-sein-und-schoen-1.1503215-2, Letzter Aufruf: 14.05.2013.

Spangenberg, Eric R.; Crowley, Ayn E.; Henderson, Pamela W. (1996): Improving the Store Environment: Do Olfactory Cues Affect Evaluations and Behaviors?, in: Journal of Marketing, Vol. 60, Nr. 2, S. 67-80.

Steffen, Dirk (2006): Die Potenzialqualität von Dienstleistungen: Konzeptualisierung und empirische Prüfung, Wiesbaden.

Stenger, Daniel (2012): Virale Marketingkommunikation: Einstellungs- und Verhaltenswirkung viraler Videos, Wiesbaden.

Suckow, Christina (2011): Markenaufbau im Internet, Wiesbaden.

Taylor, Steven A.; Baker, Thomas L. (1994): An Assessment of the Relationship between Service Quality and Customer Satisfaction in the Formation of Consumers' Purchase Intentions, in: Journal of Retailing, Vol. 70, Nr. 2, S. 163-178.

Thießen, Ansgar (2011): Organisationskommunikation in Krisen: Reputationsmanagement durch Situative, Integrierte und Strategische Krisenkommunikation, Wiesbaden.

Thyri, Heidi (2003): Relevante Emotionen im Marketing: Beschreibung, Messung und Analyse von Emotionen auf ihre Relevanz im Marketing und speziell im Zusammenhang mit Marken, Wien.

Ugolnikova, Olga (2012): Migrantenkinder und Chancengleichheit – Pädagogische Maßnahmen zur Integration von Kindern mit Migrationshintergrund im Primarbereich, Hamburg.

Van Baal, Sebastian (2011): Das Preissuchverhalten der Konsumenten: Ein verhaltensökonomisches Erklärungsmodell auf der Basis der Theorie des Anspruchsniveaus, Wiesbaden.

Vendrell Ferran, Ingrid (2008): Die Emotionen: Gefühle in der realistischen Phänomenologie, Berlin.

Vetter, Norbert R. (2010): Emotion zwischen Affekt und Kognition: Über die emotionale Dimension in der Kunstpädagogik, Köln.

Vogel, Anke (2011): Der Buchmarkt als Kommunikationsraum: Eine kritische Analyse aus medienwissenschaftlicher Perspektive, Wiesbaden.

Vogel, Johannes; Huber, Frank (2007): Co-Branding Marketingstrategie der Zukunft: Eine empirische Studie der Markeneffekte beim Co-Branding, Lohmar.

Vollhardt, Kai (2007): Management von Markenportfolios Gestaltung und Erfolgsaussichten aus Unternehmenssicht, Wiesbaden.

Von Loewenfeld, Fabian (2003): Involvement generieren Kundenzufriedenheit schaffen: Neue Wege zur Kundenzufriedenheit, Marburg.

Weihe, Kerstin (2008): Erlebens- und Einstellungswirkungen von Marketing-Events: Eine Analyse unter Berücksichtigung der Besonderheiten des Event-Marketing und Event-Sponsorings, Göttingen.

Weihs, Andreas (2010): Nachfrager von Versicherungsleistungen, in: Zerres, Michael P.; Reich, Michael (Hrsg.): Handbuch Versicherungsmarketing, Heidelberg, S. 19-40.

Weinberg, Peter (1986): Nonverbale Marktkommunikation, Heidelberg.

Weise, Carola (2008): Hersteller- und Handelsmarken im Kaufentscheidungsprozess, Wiesbaden.

Wengler, Tobias (2005): Auswirkung des Internet Handels auf Shopping-Center: Eine empirische Analyse zu den Auswirkungen auf die Gestaltung und das Management von Shopping-Centern, Norderstedt.

Werber, Torsten (2010): Sozial-inhärente Produkte: Zur Implementierung sozialer Attribute im Produktmarketing, Berlin.

Williams, Christine L.; Connell, Catherine (2010): "Looking Good and Sounding Right": Aesthetic Labor and Social Inequality in the Retail Industry, in: Work and Occupations, Vol. 37, Nr. 3, S. 349-377.

Winder, Thomas (2006): Emotionen im Marketingkontext, in: Schweiger, Günther (Hrsg.): Emotionen im Marketing: Verstehen-Messen-Nutzen, Wiesbaden, S. 1-136.

Wirth, Thomas (2004): Missing Links – Über gutes Webdesign, München.

Wirtz, Jochen; Mattila, Anna S.; Tan, Rachel L. P. (2000): The Moderating Role of Target-Arousal on the Impact of Affect on Satisfaction – An Examination in the Context of Service Experiences, in: Journal of Retailing, Vol. 76, Nr. 3, S. 347-365.

Wisner, Joel; Stanley, Linda (2008): Process Management: Creating Value along the Supply Chain, Mason.

Wunderle, Simone (2006): Regret und Kundenloyalität: Eine kausalanalytische Untersuchung potentieller Ursachen interindividueller Unterschiede im Regret-Erleben und deren Auswirkungen im Konsumkontext, Wiesbaden.

Yoo, Boonghee; Donthu, Naveen (2001): Developing and validating a multidimensional consumer-based brand equity scale, in: Journal of Business Research, Vol. 52, Iss. 1, S. 1-14.

Zeelenberg, Marcel; Pieters, Rik (2004): Beyond valence in customer dissatisfaction: A review and new findings on behavioral responses to regret and disappointment in failed services, in: Journal of Business Research, Vol. 57, Iss. 4, S. 445-455.

Zeller, Markus (2009): Die Relevanz der Gastronomie als Instrument der Marken-kommunikation, Wiesbaden.

Zenger, Wolfgang (2010): Klimawandel + Marketing, Bremen.

Znoj, Hansjörg (2008): Regulation emotionaler Prozesse in Psychotherapie und Verhaltensmedizin, Bern.